逻辑
表达力

张笑恒 著

北京燕山出版社

图书在版编目（CIP）数据

逻辑表达力 / 张笑恒著 . — 北京：北京燕山出版
社 , 2023.9

ISBN 978-7-5402-6576-2

Ⅰ . ①逻… Ⅱ . ①张… Ⅲ . ①逻辑学 – 通俗读物 ②语
言表达 – 通俗读物 Ⅳ . ① B81–49 ② H0–49

中国版本图书馆 CIP 数据核字（2022）第 098977 号

逻辑表达力

著　者	张笑恒
责任编辑	吴蕴豪
封面设计	韩　立
出版发行	北京燕山出版社有限公司
社　址	北京市西城区椿树街道琉璃厂西街 20 号
邮　编	100052
电话传真	86–10–65240430（总编室）
印　刷	天津市天玺印务有限公司
开　本	880mm×1230mm　1/32
总字数	140 千字
总印张	7
版　次	2023 年 9 月第 1 版
印　次	2023 年 9 月第 1 次印刷
定　价	38.00 元
发行部	010–58815874
传　真	010–58815857

如果发现印装质量问题，影响阅读，请与印刷厂联系调换。

我们先来看两组数据，012340123401234，75463128
9456。虽然第二组的数字较少，但却杂乱，第一组则有
明显的逻辑性，方便记忆。

再来看某下属向上司汇报工作的两个表达。第一个：
"郑总，张总今天没空，周总出差了，周四才回来。刘
总说周四周五都有空。另外，周五下午的会议室订不到。
您看会议安排在周五上午九点半开始如何？"

第二个："郑总，会议安排在周五的上午九点半，
您看可以吗？张总、周总和刘总在周五时间都比较方便，
而且会议室也只有这天的上午能订到。"

第一表达下属说了半天，上司很可能还一头雾水。
而第二个表达，则在第一时间给出了结论，让上司明白
会议的时间安排。

同样的信息，第二个表达要明显优于第一个。为什

么会有这样的差别？因为第二个表达是按照某个"逻辑顺序"在进行表达的，这个顺序就是"先说结论，再说原因"。

无论是文字表达，还是语言表达，如果信息排列杂乱无章，就会影响对方理解和接纳，或者产生不必要的误解，乃至对你的沟通能力、工作能力产生怀疑。而有逻辑地表达自己的观点，不仅会让别人快速听懂你表达的重点，也会给人留下条理分明、思路清晰的印象。

那么，什么才是逻辑表达力呢？

逻辑表达力是先对事物进行观察、分析、比较、概括、判断、推理，然后把自己的情感、想法、思想，用语言、文字、图形、动作等清晰明确地表达出来，并善于让他人理解、体会和掌握。

逻辑表达的第一步是提炼重点。注意重点不宜过多，否则不容易被记住。一般三个重点最好，类似写文章时的三段论，具有很强的稳定性。比如，汇报工作时，分第一、第二、第三进行汇报，要比从头到尾没有重点、没有规律的叙述好得多，并且不会令听者不耐烦。

不要以为逻辑表达毫无章法，逻辑表达也是有固定框架可以遵循的。比如金字塔结构、思维导图、MECE 法则、SWOT 分析法、SCQA 模型等。在表达之前，可以整理信息，然后套用这些表达模型和公式，远离混乱的表达。

尤其是职场上，逻辑表达更是很重要的能力。无论是会议发言、汇报工作还是写工作总结、发邮件、做 PPT，有逻辑的表达才能让沟通更有效率和质量。

逻辑也能让语言更具有说服力，因为说服力的关键不在于事实，而在于表达方式。也就是说，说服不是为了改变事实，而是为了改变他人的看法。改变看法不是为了和对方争辩，而是有理有据让对方信服。

比如，某个卖减肥药的广告设计的剧情是这样的。第一步，一个男生因为胖交不到女朋友，找不到好工作，胖得活脱脱成了社会的失败者。第二步，肥胖进一步给这位男生带来了各种健康问题。第三步，好消息来了，一款有效抑制肥胖的产品问世，是多个国家科学家的研究成果。第四步，这个男生吃了这款产品，一个月就掉了 15 千克，且对身体无任何副作用，效果超级棒。第五步，瘦下来的他，不仅外貌焕然一新，工作和生活也都迎来了新转机。第六步，秒杀价，历史最低价，快去抢，晚了就没货了。六个步骤下来，身上稍微有点肉的都想买来试一试。这正是逻辑的魅力。

太多人表达混乱都是因为紧张和慌乱，比如临时被叫起来做会议发言，心里一慌，就语无伦次，不知所云。比如，被挑衅，纵使当时气得面红耳赤，却不知道如何反驳，过后思来想去当时应该这么说才解气，可已经迟了。

真正厉害的人，从不怕别人刁难，因为他们掌握着有逻辑的反驳技巧。比如，以诡对诡、正话反说、引申归谬、釜底抽薪、借力打力、巧用类比等。

此外，还要避免掉入逻辑陷阱，比如我们常犯的思维错误，自相矛盾、非黑即白、诉诸权威、诉诸特例、我弱我有理等，让表达更为严谨和科学。

本书罗列了不同场景下的逻辑表达力，既接地气又充满智慧。所幸逻辑表达力并非天生，我们可以通过坚持写作、记笔记、独立思考、清空头脑等方式来不断升级大脑，进而提升自己的逻辑表达力。

C O N T E N T S 目录

第三章
职场表达万能公式，有条理即高效

第四章
找到着力点，步步为营轻松说服

第五章
关键时刻，不慌不忙娓娓道来

第六章
逻辑反驳法，让你再不怕别人习难

第七章
跳出逻辑陷阱，表达严谨没漏洞

第八章
升级大脑，提升表达逻辑力

第一章

快速提炼重点，
30秒说出关键

1 / 麦肯锡的"30 秒电梯法则"

麦肯锡公司的一位项目负责人，在电梯里遇到一位非常重要的客户，对方问他目前的谈判情况。这位负责人却没能在电梯从 30 层下到 1 层的 30 秒时间里表述清楚。结果，麦肯锡失去了这位客户。

从此麦肯锡要求员工必须直奔主题、简明扼要地表明自己观点，一定要在最短时间内将要表达的事情讲清楚。这就是著名的"30 秒电梯理论"。

日常沟通中，我们也可以借鉴"30 秒电梯理论"，快速简洁地表达自己。

快速表达时我们可以参照表 1-1 中的流程与对方进行交流：

表 1-1

要点	内容
开场白 (opening)	玩笑、感谢、问题
主题 (theme)	今天，我想和您说……
前提 (premise)	我的看法 / 观点是……
背景 (background)	因为我觉得……
论据 1(proof)，论据 2，论据 3	同时基于原因 1，原因 2，原因 3……
结论 (conclusion)	重复自己的观点，加深对方印象

在这个表达过程中，麦肯锡认为，大多数人只能记得住

一二三，记不住四五六。所以，无论是表达你的建议还是想法，最好能罗列出 1、2、3 或是首先、其次、最后。这样哪怕是最简短的发言，也能够体现出你的表达能力和讲话的条理性。

尤其是在即兴发言时，一时间不知道从何讲起，显得语言无法跟上思维，甚至是有些笨嘴拙舌。这时就可以根据发言的主题，以及发言的场景，迅速组织出有逻辑的表达。

比如，在朋友的婚礼上，你被邀上台即兴发言。时间紧张，心情紧张，怎么办？"讲三点"可以帮你迅速梳理出逻辑。第一，表达开心，就是参加这个婚礼的心情。第二，表达关系，和新娘是好闺密，或者和新郎是铁哥们儿。第三，表达祝福，祝福新郎新娘早生贵子等。如此表达，不仅让你逻辑清晰，更能让你不慌不忙，轻松自然。

"讲三点"的目的是将原本并无头绪的话梳理出一个简明的逻辑。重点是，如何快速提炼主题，并归纳出三点，下面方法可供参考。

>目的和优点放在最前

在工作开会或是向上级和同事汇报任务时，你可以先将自己的目标和事情优先利用"讲三点"的方式清晰地告诉对方你想要做什么、这样做有什么价值，这样才能让对方迅速理解我们的意思，同时也能够提高办事效率。倘若你支支吾吾，表达模糊不清地先说一些无关痛痒的话，那么可能还没有等到你表明你的目的和事情的优势时，对方就已经不想再听下去了。

>刻意地练习"讲三点"

为了锻炼你的逻辑思维和概括能力，你需要在平时养成总结事物的能力。比如对演讲稿、工作会议报告、新闻全文、谈判协议这些比较长的文章，你可以在阅读后总结出三个重要的关键点，以此来练习你自己的表达能力。或许一开始你会觉得这样做并没有必要，但是经过长期的练习，一定会使你的总结能力和逻辑思维得到突飞猛进的提高。

>使用"框架语言"

利用现成的或是改装的表达框架，比如在表达事情时利用是什么、为什么、怎么办或什么问题、什么原因、怎么解决；在表达时间时利用前期、中期、后期或截止到前半年、截止到年底。如果你能够通过总结和整理，将这些表达框架在不同的场合和不同的场景下为自己所用，就可以让对方对你想要表述的事情的经过非常清楚，这也就更容易得到对方的肯定。

"麦肯锡30秒电梯法则"常被应用在职场中。比如说公司老板和下属、决策层之间的辩论、企业会见重要客户、晚宴中宴请销售和目标投资人。实际上，人与人之间任何形式的交流都可以是"30秒电梯法则"的延续。演讲是"数倍于30秒讲话"的扩大形式，主持会议是"多方参与"的"数倍于30秒讲话"的谈论方式，所以上面的语言策略和方法我们都可以充分运用。

2 / 不说废话，一语中的

冗长的说教，满嘴的陈词滥调，空话和废话连篇，只会让听者心烦和厌倦。著名文学家梁实秋说："人不能不说话，不过废话可以少说一点。"

德国著名诗人和戏剧家贝托尔特·布莱希，在一个作家的聚会上，被邀请致开幕词。结果，他走上讲台只说了一句话："我宣布，会议现在开始！"

抓住关键的要点，最重要的就是说出你要谈论的主题，其余的客套话尽量少说或不说，这样你的听众才不会感到烦乱。当然，这一方法的运用必须针对特定的对象，并不是对所有人都适用。假如对方跟你并不是很熟悉，而你一上来就开门见山、直奔主题，势必让人感觉唐突，其效果可想而知。

一般来说，这一方法主要是针对那些跟自己比较熟识的人，或者是在一些比较正式的场合，如商业谈判、会场、作报告演讲等。在这些场合下，如果你能够做到抓住要点，一针见血，没有那么多冗长的废话，就会很快地吸引听众，使他们迅速地进入主题。

那么，如何才能保证少说废话，只说有价值的话呢？

>减少说话量

有心理研究表明，一个人每天说的话超过 90% 都是废话。既然这样，要减少说废话就可以从缩短说话时间上着手。

梁实秋在文章中曾讲道，在 11 世纪时，罗马天主教会在法国有一派僧侣，他们专注于修行不说话，一年到头都不说话。只有到了年终才允许交谈一段时间，交谈的时间到了，哪怕一句话尚未说完，大家也会立即闭嘴。等到第二年允许交谈的时刻，开口的第一句往往是"我们上次谈到……"一年说一次话，准备的时间虽然多，想表达的可能也很多，但受限于时间，说的一定是精华而不是废话。

现代社会，不流行串门闲聊天，没人有空陪你东家长西家短。那些某人月薪多少，某人疑似出轨，某人换了新车，某人打扮花哨，某人债务缠身……说得津津有味，实则都是些没有意义的废话，不如不说。

>删繁就简

如果有话要说，那就删繁就简，精准表达。所谓的删繁就简，就是围绕交谈的核心主题，砍掉无关紧要的细枝末节，以达到表达更加简练的目的。

比如，一个人在路上打救援服务电话，说自己昨天和女朋友吵架了，非常生气，就没有回去。今天中午偷偷去她公司，看到她居然和一个同事有说有笑地吃饭，更加生气，想着她是不是背叛了自己。于是，决定下班跟踪她。没想到自己心情不好，忘记了加油，现在堵在路上，车没油熄火了。请问，是否可以提供汽油救援？

上述案例就是在描述一件事情的时候添加了太多无关信息，混淆了别人的视听。

生活中，我们也习惯在一些表述里掺杂一些不必要的干扰信息，让对方不知道我们所要表达的重点到底是什么，或者不能短时间判断你的诉求。因此我们在表达一件事情或者陈述一个观点的时候，尽量直接表明观点，不要用无关信息过渡。

>利用沉默

有时候沉默比语言更有力量。

员工们心浮气躁，工作拖拖拉拉，散漫懈怠。部门经理为此召开了一次会议。

会议开始，部门经理说："最近一个月，我们的工作效率很低。"

大家都低头不说话。

渐渐地，员工们开始局促不安，但部门经理依然沉默。

三分钟后，部门经理说："散会。"

员工们如临大赦，匆忙回到座位上，开始认认真真地工作。

这个会议虽然仅仅持续了三分钟，大部分都是沉默，却比反复唠叨有效得多。沉默让员工对这个会议的主旨印象深刻，让他们认识到了问题的严重，进而主动去改变。

一些人话太多，往往是把长篇大论当成了有水平的表现，想要以此显示和炫耀自己的本事。其实，一个人的语言魅力不在于他说了多少，而在于他说的是什么。真正会说话的人，总能一语中的。

3 / 专注于表达"一个"观点

很多人表达混乱的一个原因就是，他总想在短时间内表达多个观点。结果，庞杂的信息和多个论点、论据相互缠绕，纠缠不清。如果你驾驭不了多个观点，不如踏踏实实把一个话题讲清楚，哪怕很小。

TED（指 Technology, Entertainment, Design 在英语中的缩写，即技术、娱乐、设计，是美国的一家私有非营利机构）的掌门人和演讲教练克里斯·安德森，在目睹了无数优秀演讲者的表现后，他给出的第一个建议就是：聚焦于一个思想。他说："不要想在18 分钟内讲完所有故事，只要挑一个最值得讲的。"即便是一个有传奇经历的人，有很多值得分享的内容，也要好好斟酌讲哪些、舍弃哪些。

看看那些非常受欢迎的 TED 演讲主题：《学习一门新语言的秘

密》《为什么你应该做无用的事》《你有拖延症吗》《怎样用纸巾擦手》《自嘲改变世界》……这些演讲都只抓了一个点，而不是讲应对气候变化的时候，还要讲哪个星球更适合人类生存，或者讲保护环境的意义，即便它们都属于同一个大主题。这样做除了因为时间限制，更重要的是专注于一个观点可以讲得更有逻辑和深度。

心理学家乔治·布莱尔·韦斯特在《拥有幸福婚姻，避免离婚的三个方法》的 TED 演讲中，讲述了在所有让人痛苦的事情中，离婚占据第二名。然后，他没有分析人们为什么离婚，没有更进一步表达离婚带来的危害，也没有罗列一堆改善夫妻关系的方法。而是给了三点预防离婚的建议，并各自进行了深入的解析。

专注于一个观点的另外一个好处是，能让你更准确地组合你的材料。有时候，尽管你有一个很棒的案例，但却不能直接支撑你的信息，那无论你多么想用它，都应该放弃，这就是"宁可深，不可广"的原则。

但专注这个问题说起来容易，做起来则很难。比如，有的演讲者在演讲即将结束时意犹未尽，希望观众能了解更多，于是就在结尾处又添加了一点"题外话"。这样很可能会让一次精彩的演讲付之东流——观众的思绪被打乱，他们的注意力集中在结尾而忘记了更重要的演讲中部。因此，可以借助下面方法来帮助自己专注于一个观点。

>列提纲

在正式表达的时候，不能想到哪说哪，必须永远围绕一个观点死磕。要做到这一点，除了删减不能服务主题的素材外，还可以通过列提纲的方式，保证把思维控制在一个框架内，避免自己一不小心就"超纲"。

同时，提纲也可以避免自己在讲的时候，因为紧张而在一句话上颠来倒去，不能深度表达。

>纵深拓展

专注表达一个观点，为了避免出现啰唆、重复的现象，必须纵深拓展主题，而不是横向拓展。比如"吸烟上瘾的表现、原因，以及应对方案"这样的表达在逻辑上就比较严谨。而"吸烟的危害、名人戒烟、戒烟失败的原因"就有点乱。

另外，纵深拓展也有助于把观点说得更透彻，更有深度。一般可以参照层层递进的路线：现象描述——现象评析——原因探讨——应对策略。第一个层次通常是对一个场景或者个案现象的描述，由此引出话题。第二个层次是对现象的评析，诸如带来的危害或积极意义等，进一步对观点进行解释和界定。第三个层次是原因探讨，深入挖掘现象背后的东西。第四个层次是应对策略，找到解决问题的方法和途径。

也可以将上面的四个层次简化为三个，即"提出问题——解析问题——解决问题"，来安排表达的逻辑结构。比如，要写一篇关于"现代女性网购成瘾"的文章，先提出为什么现代年轻女性迷恋网购这个问题，然后对该问题进行解析，最后给出解决方案。

真正的旅游绝不是走马观花，一天打卡五六个景点，除了门口一张照片什么都没有留下。同样，表达的时候，如果你从做人要自信讲到对垃圾分类的看法，再扯到对人工智能的理解，最后又讲到很讨厌那些键盘侠……最后很可能对方连一个观点也没记住。所以，只要不是没事闲聊，尽量在短时间内表达一个观点。

4 / 深度思考，抓住本质简单说

别人看不出来的东西，我们能看出来；别人看出来的东西，我们能看得入木三分，还通俗易懂地传达给别人，这就是"深度思考"。

我们身边有很多不进行深度思考的人：看到上个月股票涨了，有人从中获利，下个月自己也去开个户，然后赔得一塌糊涂；看到O2O那么盛行，别人开淘宝店这么赚钱，于是自己也去搞一家，结果发现线上运营推广成本比线下还高。

深度思考的人遇事会多思考，以求接近理解事物本质，他们有一套属于自己的人生观、价值观，对待新理念，他们不会排斥，反而会好奇地主动去了解、选择，留下有营养的真东西。

雷欣最近通过私教进行健身，在这段时间里她一共遇到过5

位教练，她的要求是"维密模特身材"。

前4位教练都直接告诉她要先减脂后塑形，最后一位教练却没有当即给出健身方案。第二天，这位教练跟她说："我回去看了维密秀，仔细研究了维密模特的身材。我发现她们的身材非常立体，背部、肩部和腰部的曲线十分明显，紧致、曲线感和力量感是三个显著要素。所以想拥有维密的身材，在完成减脂之后，着重完成这四处肌群的强化训练就可以了。"

事情外面是层层包裹的纱布，不扯掉纱布，永远看不到最深层的东西。看不到深层的含义，就会理所应当地被表象迷惑，然后自己还觉得没问题。当我们拥有了深度思考问题的能力，才能把复杂的问题拆开分析。要做到深度思考，必须做到以下几点：

>主动思考

我们的大脑会依据原有的价值观对面前发生的事情做出最原始的判断，而这个判断极有可能会影响思考。因此，我们可以引申出对立面、相似面，冷静思考所有观点，包括我们接受不了的观点。比如，你会同意撤掉小区附近的基站吗？有人同意，有人反对，这就是不同立场，此时就需要冷静讨论评判，主动思考是一个不断提出问题、寻找答案的过程。

>培养刨根问底思维

进行深度思考要敢于发问，我们思考路径的形成得益于我们可以对一个问题无限探究下去，并持续问下去。通过一系列问题的提出，能够帮助我们更全面地了解问题背后的深层次原因。而新问题牵扯出新认知，新认知促进思考。

深度思考也可以让我们在互联网时代保持清醒和独立思考的能力。比如网络爆出的各种艺人的事件，刚开始的时候，舆论会出现一边倒的现象。我们问问自己，对整个事情的真实情况了解多少呢？对艺人真实的一面又了解多少？对他们的真实细节又知道多少？当我们不能回答这些问题时，就能理智看待媒体、舆论，而不被牵着鼻子走了。

>培养思维的广度

思维广度对思维深度有很大影响。如果我们连一个事物最基本的情况都没弄清楚，又何谈深度思考呢？我们在进行思维广度培养时，可以借助相关书籍和网络平台，但是要注意网上的信息需要辨别真假，最好去一些专业网站进行查询。

"深度思考"就要敢于质疑一切。我们在面对一个问题的时候，一定要有敢于质疑的精神，理智地思考不同人的观点，这不是推翻别人的结论，而是通过对比让自己的结论有理有据，经得住对方质疑。

如今人们处在信息爆炸的时代，每天都忙着看手机、上网，很少进行深入思考，自认为所获颇丰的背后是对事物现象的麻木，很多人只知道那是什么，却不知道为什么。如果不给大脑安排思考任务，它就会变得懒惰起来，不再做过多的思考，导致在表达的时候没有逻辑。

5 / 令人惊艳的自我介绍：抓主要"特点"

应聘、入职、约会、初次见面……很多场合都离不开"自我介绍"。很多人为了表现自己更多优点，让对方更多地了解自己，会不自觉地在自我介绍时长篇大论、面面俱到，结果却不尽如人意。

李涵去面试，面试官让他用 1 分钟介绍自己。他觉得自己准备比较充分，不妨多说点，加深对方的印象。于是，他从各个方面展开对自己的介绍，说了将近三分钟还没说完。最后还是面试官叫停，他才停下来。看着面试官强忍的不耐烦，他知道面试肯定黄了。

自我介绍就像一部迷你版的自传，简洁有力，才能让听的人在短时间内对我们有一个清晰的认知。自我介绍越是长篇大论，复杂深奥，给人的感觉就越是无趣，越是难以理解。这就好比我们都知道李白是诗仙，酒仙，以及大剑客，但很少有人愿意去翻查古籍，多方考证，详细地了解李白的生平琐事，人生坎坷。为什么会这样？因为对大多数人而言，知道他是诗仙、酒仙就够了，如果信息太多，既没那个必要，也很难让人记住。

这个道理放到我们身上也是一样，有那么一两个明显的"标签"来展示我们，这对绝大多数与我们交往的人而言，就已经足够了。比如，当我们在求职的时候，面试官肯定不想知道我们小时候摔过几次，也不想知道我们交过几个女朋友，为什么会分手。相比之下，他们只想知道我们的工作能力怎么样，工作过几个单位，为何离职等等。

而且向他人介绍自己，我们用的篇幅越长，越会给人造成以下印象：第一，这个人喜欢美化自己，很可能他说的这些信息里面，大部分都是修饰过的，不可信；第二，这个人语言表达能力有问题，啰里吧嗦半天，连自己是个什么样的人都说不清楚；第三，这个人不知趣，情商低，你的头衔再多，特点再多，别人不一定感兴趣。

因此，向别人推销自己的时候，篇幅不宜过长。简洁有力、清晰、有逻辑，辨识度高，别人愿意听，就已经是高质量的自我介绍了。那么，具体而言，要如何才能简洁高质量地介绍自己呢？

>控制时间

自我介绍一定言简意赅，通常以半分钟左右为佳。没有特殊要求，长则不超过1分钟。内容一般就是简单说一下自身的基本信息。比如，"叫什名字，毕业于哪个学校，哪个专业，什么学位。"

这里需要注意的是，不要过多介绍自己的学校多牛，什么"我学校是985名校，211高校"。如果是面试，这些信息面试官一般都很了解，不需要我们过分强调。如果是朋友之间，这种自我介绍更是有炫耀的成分，让人反感。

>选对方看重的点介绍

向不同人介绍自己，选取的点应该不同。比如，在向面试官展示自己时，要选择对方看重的工作能力、品德素质、合作能力、学习能力等。这些都是用人方比较看重的地方，可以选两个点着重介绍。

之后，在介绍的末尾，我们还需要用一个"自我提升计划"来作为此次发言的总结。当今时代，竞争日趋激烈，人才精英也越来越多。比起学历和现有成就，用人单位更加看重求职者的"未来价值"，也就是发展潜力。而这一点，完全体现在学习能力上。

>有创意

自我介绍通常都带有强烈的目标性，那就是让人认识自己，把自己很好地推销出去。这就决定了"自我介绍"的本质，就是一则广告词，一则展示自己的广告词，而不是一篇辞藻华丽、文风优雅的散文。什么样的广告词更容易让人眼前一亮？当然是有创意的。

比如，一个叫邢芸的女孩自我介绍说："我叫邢芸，芸是芸芸众生的芸。告诉大家一个秘密，如果你们经常喊我的名字，就会得到好运。不信，你听：邢芸！幸运！谐音啊！"

>幽默

相对平淡无奇的自我介绍，幽默的自我介绍，在博人一笑的同时，自然更容易让人记住。

黄志明刚刚入职新公司，报到那天，黄志明说，"各位前辈，我叫黄志明，初来乍到，好多事都不懂，还望大家多多指教。我非常善于学习，不信的话，中午大家吃饭的时候带上我，我敢保证，只需走上一遍，我就知道从办公室到食堂的路。"

自我介绍的幽默可以是自嘲式，比如嘲笑自己是"聪明的脑袋不长毛"；可以是借助名人式，比如"我是个不爱哭的林黛玉"；也可以是自夸式，"到现在，比我帅的人，我还没见到呢。"

通过一个简短的自我介绍，让人记住你，喜欢你，并不是太难。

6 / 直接表达需求，而不是让对方猜

很多感情都死在了一方不懂表达需求上，通常以女孩居多。她们总是以为"如果我爱你，即便我不说，你也应该知道。""你都不肯用心想一想我要什么，还说什么爱我？"于是，为了考量对方的爱，不断地让对方"猜猜猜"。

而真正在乎你的男生，不敢猜，他们怕万一猜错了，你该不高兴了。不在乎你的男生呢，不屑于猜。结果，女生旁敲侧击了半天，却没等来想要的，她就会沮丧，不爽。当她的情绪体现在脸上，对方看到你生气了，他也很委屈或者生气，想："为什么要让我猜，我又不是你肚子里的蛔虫，我哪里知道你想要什么？"最后，双方都很不开心，最后无法沟通，不欢而散。

如果你总是不习惯表达自己的需求，时间久了，自己都会忘

了自己有怎样的需求，别人也会忽略你。只有说出需求，爱你的人才能更懂你。

比如，你累了，想要拥抱，就直接和对方说："我好累，心情不好，想要抱抱。"而不是抱怨："累死我了，你回来就知道刷手机。"

比如，你想出去吃饭，就直接和对方说："老公，我想吃酸菜鱼了，你晚上请我去吃呗。"而不是诉苦："天天都是我做饭，烟熏火燎的，烦死了。"

再比如，你想看电影，就直接和对方说："《送你一朵小红花》票房破 10 亿了，我想去看。"

而不是兜圈子："真羡慕那些情侣啊，好浪漫，我们这老夫老妻，连话都懒得说了。"

这种沟通不畅是因为对方的思维是线性思维，考虑问题直接。如果你不说，他是真的不懂你想要什么。从逻辑学的角度来说，你没有表达出来的，就代表不确定性，你想要的也许是这个也许不是。如果一味让别人猜，或者埋怨别人不懂，其实是一种很自私的行为。实际上，直接表达要比兜圈子、绕弯子、试探、提醒的效果好太多。

《非暴力沟通》的作者马歇尔·卢森堡说："如果我们不看重自己的需求，别人可能也不会。如果直接说出需求，获得积极回应的可能性就会增加。"你渴望一个拥抱，说出来，可能还会多得到一个吻。

无论在感情还是在别的关系中，直接表达自己的需求，才是最高效的沟通方式。

张鹤在淘宝店铺买了几斤吊柿，店家回访问她味道如何？她说："很不错，软糯香甜，很好吃。"店家很高兴，问她是否能帮忙发个朋友圈宣传一下？她毫不犹豫地答应了。

有时候，我们不愿意直接表达需求，是因为害怕被拒绝。能不能实现需求的确不好预知，但至少要表达出来才能知道对方的态度。俗话说"会哭的孩子有糖吃"，孩子总是懂得直接表达的，哪怕被拒绝，他还是会争取。

那么，该如何正确有效地表达自己的需求呢？马歇尔·卢森堡博士在《非暴力沟通》中给出了四个步骤来帮助我们做到这一点。

>第一步：讲事实，不评判

我们总是容易受内心的感情驱使，忽略了讲事实情况，而是绕过事实直接做道德评判，表达自己的态度和看法。这样做不仅不能表明你的期望，对方也不知道如何回应。

如果你不满周末老公总是看手机，不照顾孩子，可以跟他说："你已经两天没有和宝宝玩了。"这是事实，会让对方认识到自己做得不够妥当。如果再加上"你从来不陪孩子，一点责任心都没有。"这就是评判，会让对方跳起来反驳："我上一周班，休息一下怎么了？"

只说事实，对方只能承认，并主动反省自己的行为是不是不够妥当。如果加上评判，对方就很容易产生逆反心理，反驳我们，而不愿意做出友善的回应。

>第二步：区分想法和感受，说感受

感受是没有对错的，学会表达自己的感受而不是判断。感受包括开心、难过、激动、害怕、担心等。当你说出自己的感受，就容易让对方产生共情。所以，先说事实，再说感受，对方容易理解你。

> 第三步：说"要什么"，而非"不要什么"

表达的时候，要记住说"要什么"，而不是"不要什么"。比如，妻子渴望老公少加班，多出时间陪伴自己，可以对老公说："我希望你晚上能陪陪我，而不是老加班。"要避免说："你不要总是加班，我一天都见不到你。"

生活中我们也常这样说："你不要总是看电视""你不要不理我""你不要吃太多肉"。其实，正确的需求表达应该是具体肯定地说出想要什么。

>第四步：提出具体请求

你表达的需求越具体，对方就越容易理解你。马歇尔·卢森堡指出，最好的标准是尽我们所能地去接近真相，包括观察的真相、感受的真相，以及需求的真相。正确的需求表达必须具体，避免抽象语言。比如，你对孩子说"你把书放到书架上，

把玩具放到玩具箱里。"要比"你去把房间收拾好"的请求具体清晰多了。

表达需求就是把你的想法清晰地说出来，只要敢于尝试，且不带着自以为对方有义务知道的心理，就不难做到。

7 / 紧扣中心，永远不要偏离主旨

开口之前要明确自己的讲话目的，你的每一句话、每一段话，都不能是想到哪儿就说到哪儿，就像没有靶子，胡乱射出的箭。记着自己的目的，不要偏离，就像写文章要围绕中心意思一样。

说话前问问自己，"对方想听什么？""我想要的结果是什么？"确定表达的目的，以便更加充分地准备材料，以及确定表达的风格和技巧。倘若丢失了目的，话只会越说越远，东拉西扯，让别人听得不知所云，甚至索然无味。

带有目的性的说话，能提醒你时刻保持理智和清醒。比如，你说话的目的明确，在听别人发言时就会更客观，能够结合对方的立场，去更深入地思考对方的观点，而不至于在主观上否定对方，或者被对方的观点牵着鼻子走。

带有目的性的说话，能让你时刻反省自己的说话方式。比如，在职场和同事沟通时，我们知道目的是促进合作，会在语气和用词上注意委婉表达，尽量避免制造矛盾和摩擦。而在家里，我们常常就会忽略沟通的目的。比如，与爱人沟通本来的目的是增进感情，却因为今天工作不顺而憋了一肚子气，把对方当成了出气筒，口不择言伤了对方的心。

带有目的性的说话，也可以帮你随时调整说话的策略。在一次"当众表达"课中，有"宝岛辩魂"之称的黄执中说，要根据现场的观众调整演说的策略。演讲的目的是得到多数观众的顺应，所以，他在上场时会先观察听众的性别比例，然后同一个意思，选择不同的说法。

如果女性观众居多，他就会切换到女性视角说："如果我今天有个男朋友，我也看不惯他天天打电动。"如果男性观众居多，他就会说："说实话，我也喜欢打电动。"

带有目的性的说话，才能做到有逻辑地表达自己的观点。而没有目的性的说话，容易被别人的观点带偏，被自己的情绪带偏，被意外事件带偏，达不到沟通的目的，甚至还要收拾情绪和事态的烂摊子。那么，如何才能做到不偏离说话的目的呢？

>不受情绪驱使

我们常常因为受情绪影响而说出偏离目的的话，比如"最好的朋友不搭理我了，我很后悔戳了他的伤疤""和客户沟通意见，因为对方挑剔，我情绪失控了。"

一旦被情绪操控，我们就容易想说什么就说什么，而忘记了自己说话的目的。比如，你是一名化妆品销售人员，一位消费者突然气势汹汹地找到你，指责你卖给她的洗面奶是假货，使用后起了一脸的疙瘩。如果你被对方激怒，就会据理力争，结果沟通失败，甚至导致战火升级。而如果你能站在对方的角度考虑问题，先进行共情，"如果我使用洗面奶后，脸上起了疙瘩，一定会像您一样生气。"就能先让对方的怒气消除一半，让沟通进行下去。有冷静和理智做基础，问题通常都能得到解决。

所以，在讲话时，无论是受到别人挑衅还是反驳，都要平心静气去应对，以防被对方的情绪影响。

>回应被打断

导致说话偏离主题最大的干扰来源于别人的打断。比如你正说着，忽然有人插来一句，打断了你的思路。这是一个很被动的过程，但不能无计可施。当有人第一次打断你时，不要急于争辩，也不要制止，给他一点时间，让他说话，你再接着刚才的话继续就好。如果你忘了刚才说到哪里了，可以大方求助听者。

如果对方不懂礼貌，再一次将你打断，你可以直接礼貌地提醒他，"谢谢，请你等我把话说完。"或者"这个问题我们稍后再聊。"当然，说这些的时候，不要流露厌恶的表情。

如果你总是被打断，就需要反省一下被打断的原因。除了对方的原因，是不是自身有什么问题导致对方不断插话？是不是因为自己表达没逻辑，思维太跳跃，所以对方没听懂，不得不中途发问，再根据具体情况找对策。

>不过多迎合别人

如果你在阐述自己的观点时，遇到了不同意见，自卑的人会忙着去迎合对方，结果偏离了说话的目的。

沟通中，我们需要与别人交往来体现自己的价值，但如果一味地迎合所有人的欣赏情趣，则会让自己陷入一种不可摆脱的迷惑中，任何一个人都不可能得到所有人的认同。如果总是患得患失，过于注重别人的态度，将自己的得失建立在别人的言行上，会让我们失去本色。

我们要学会自己拿主意，不被他人的言行左右自己的思想。但这并不是说要一意孤行、孤芳自赏，而是忠于自己，相信自己，不轻易被别人的思想所左右。

此外，我们还要学会阻止有人把话题带偏，或者在话题已经被带偏的时候，把话题抢回来。

8/ 打开上帝视角，直击问题本质

爱因斯坦说，对于一只蚂蚁来说，世界是二维的。当它在一个篮球上爬行，这个篮球就是它的世界，它不会觉察到球体的弯曲。当它在一张纸上爬行，这张纸就是它的世界，它也觉察不到世界不仅仅是一个平面。但如果是蜜蜂飞在空中，就能看到这一切。爱因斯坦说很幸运，自己就是那只蜜蜂。

蜜蜂的视角是从上空俯瞰世界，明显要比蚂蚁的二维视角高。我们常说的上帝视角就是拔高角度俯瞰世界，就像我们看到有冲动自杀的人，因为一点小事结束了自己的生命是多么不值得，而作为当事人却跳不出来。

生活中一些问题是简单问题，考虑简单的因果关系就可以解决。比如，饿了一天，解决方案就是吃一顿，这就是简单问题。但更多问题是复杂的，不能用简单的因果关系来解决。比如说，我太胖了，想要减肥。线性思维的解决方案是少吃点，但事实上，通过节食来减肥成功的非常少。这时候，就需要我们学着拔高一个维度，上帝视角会帮助你从整体抓住问题的要害，从根本上找到解决问题的思维方式。

即便是在日常生活中，我们也要学着站在更高的角度思考问题，表达的时候才能直击本质，否则永远看不透问题。

小雷面试结束，朋友鹏鹏问他："感觉怎么样？顺利吗？"

小雷纠结地说："不太有把握，整体感觉还行，但是又觉得不太好。"

鹏鹏问："面试前，你是否了解过公司对面试职位的要求，是否考虑过自己具备的能力是否与职位匹配？"

小雷摇摇头："这些，我没有考虑过。"

故事中的小雷事先没有站在公司招聘的高度，对公司空缺职位的要求进行分析，也不了解自己的能力是否与职位匹配，自然对面试无感。那么，如何保持有高度的思考？

>列一张思考清单

工作中，可以将问题进行总结，列一个清单出来。比如列举10个困扰自己的问题，进行分析思考，持续优化解决方案。

>与大咖交流沟通

很多时候，好的点子都是碰撞出来的。平时可以多与同事进行沟通交流，若能与行业大咖沟通会更有助于提高自己的思维高度。因为那些人的思维必定与普通人有不同的地方，可以借此反省自己思考的问题是否有一定的高度，交流后可进行总结。

>及时思考总结

很多人总是说："我太忙了，没时间思考。"事实上，没有时间思考和总结，就永远不会有进步。事情再多，再忙，也不能停止思考。思考是为了提高自己解决问题的能力，以及看待问题的眼界。

第二章

结构化思维，
拯救杂乱无章的表达

1 / 用思维导图帮大脑理清思路

有时候，一个人的表达没有逻辑，并不是表达技巧不到位，而是大脑里缺乏清晰的、架构式的思维。如果思维混乱，可以借助思维导图来帮助自己理清思路。

思维导图是一种发散型结构的形象化思维工具，也叫心智导图。大脑学习方法研究领域的著名人物东尼·博赞，在对天才、名人的笔记进行大量的阅读后，他发现这些笔记不是文字堆砌，而是图文并茂，利用图像、线条、符号和关键字等元素来记录和表达思想，即将冗长枯燥的信息变成了一个彩色的、有组织性的、让人容易记忆的图。因此提出了"思维导图"这个风靡全球的概念。

思维导图通常具有四个优势：

第一，思路主次清晰，层次分明。思维导图的特点是层层深入，常常使用，可以训练自己的逻辑思维。

第二，同时处理大量信息。思维导图确定一个点后，可以激发无限的分支，帮助我们同时思考多个问题，并且关注到问题的每个侧面。

第三，思维自由丰富却有序。思维导图制作的过程可以更加让我们在看似繁杂的信息中保持清晰的思路。托尼·布赞指出，一张完整的思维导图应该具有文字、颜色、图像和彼此联系的结构。

第四，趣味性很强。比如，一些颜色和小图标的运用会让内容更有可看性和趣味性，从而激发我们主动思考、归纳和表达的积极性，非常利于大脑的发散性思考和创造性思考。

我们心中可能存在疑问，这个思维导图工具真的如此神奇吗？其实不是思维导图充满魔力，因为每个思维导图只承载一个主题，而人类的大脑对图像的印象更加深刻，看好久才能明白的文字内容，看图像就会一目了然。虽然有制作思维导图的软件，但是会用软件不代表会使用思维导图。使用思维导图并不仅仅是为了制做出一张图文并茂、结构清晰的图，它提倡的是从发散思维到思维关联记忆的过程。思维导图是帮助我们建立思维逻辑的思考工具，那么我们该如何运用？

>组织思想

组织思想包括两点，一个是组织自己的思想，一个是组织别人的思想。

组织自己的思想，一般在分析问题、思考解决方案时运用。首先，明确自己思考的问题，如果含糊不清，就会导致组织的思想没有针对性。其次，围绕该问题充分调动发散思维，进行不同维度的分支联想，或者推理。这些维度包括特征、功能、分类、个性等。为了方便大脑记忆，最好设定在3—7个。

组织别人的思想，主要在做会议总结、读书笔记时运用。组织别人的思想和组织自己的思想最大的不同在于，组织自己的思想时还没有结论，而组织别人的思想时已经有了确定的结论。我们要做的是，去运用自己的知识体系解读、诠释或者证明这些结论。这个思考的过程非常重要，因为每个人知识背景不同，解读、诠释或者证明的过程也不一样。

注意，思维导图是一个思考、推理的过程，不适合用来做会议纪要。因为开会的时候，通常没有时间思考。而如果你沉浸在对思维导图的某个要点的思考中，就会漏掉其他会议内容。即便是用思维导图成功记录了会议内容，也会因为缺少思维过程而使其和其他速记方式没有什么本质不同。

如果说组织自己的思维是在创新，那么组织别人的思想就是在学习别人的创新。我们通过自己的思考和解读，把别人的知识变成自己的财富。

>手绘思维导图

通常我们梳理写作架构时，多会用到手写思维导图。写作的灵感可能只是偶然闪现的一个或几个关键词，随着思路延伸，几个关键词互相勾连，逐渐形成大方面架构。（思维在活跃时可能会出现 180 度大反转，甚至在敲击键盘的间隙，刚才那一丝灵感就会消失，因此电子版的方便简单不太适用于"思维的不确定性"。如果想要手写思维导图，首先要准备一张足够大的纸张，以便记录天马行空的想法和灵感，此外还可以利用思维导图做计划、日程记录等工作。）

思维导图能够锻炼大脑的逻辑思维和形象思维，提高我们对问题的分析、总结能力，进而大幅度提高工作效率。思维导图应用十分广泛，可以用来做笔记、总结、会议记录等，对我们的记忆力和理解能力提升也有很大好处。

思维导图的使用不需要高水平的画画写字技巧，只要能根据我们喜欢的方式调整思路，把对一个事情的理解串联起来即可。我们在实际运用思维导图最需要注意的点是分清主次关系，在遵守一定的使用规则时，不要拘泥于规则，在不断运用中去优化，适合我们的思维导图才是最好。

2/ 金字塔思维：结论先行，自上而下表达

思维没有清晰的结构，表达必定逻辑混乱、漏洞百出。我们可以借助金字塔原理来搭建清晰的思维框架。

"金字塔原理"的特点是从统领性出发，自上而下进行论述，条理清晰有水平，如图 2-1 所示。

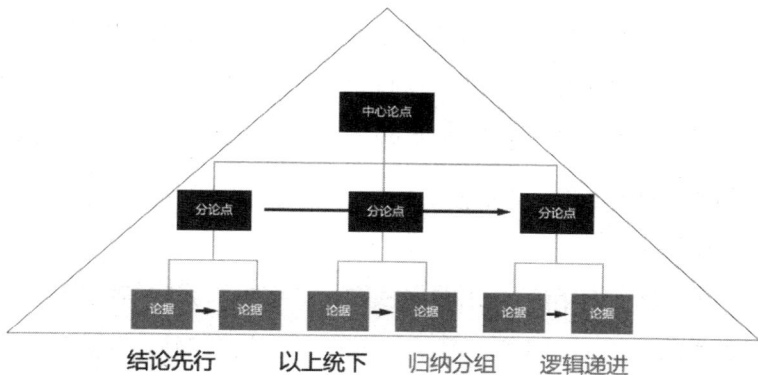

图 2-1

"金字塔原理"是一种重点突出、逻辑清晰、层次分明、简单易懂的组织思想的工具。虽然搭建金字塔思维有两种顺序（一种是自上而下，一种是自下而上），但我们一般采用前者较多。自上而下就是先提出自己的中心思想点，再提出分论点，最后用事实和数据阐明每个分论点。

　　无论是平常说话、演讲或是汇报，利用"金字塔原理"都能让对方迅速明白你的意图，并被你说服，大大提高沟通的质量和效率。

　　为了让思维更有序，表达更有力，我们在使用金字塔思维的时候注意以下几点：

>结论先行

　　请比较以下两种表达方式。

　　第一种：

　　负责产品销售的员工对老板说："最近很多家钢材的价格都在上涨，与我们合作的几家物流公司，今天打来电话说要涨价，我无法说服他们维持原价。我们的竞争对手上周已经涨价了。而且，最近公司的广告费支出有些高……"老板摇摇头，不知道他究竟要说什么。

　　第二种：

　　负责产品销售的员工对老板说："老板，我觉得我们应该考虑提高产品价格。主要原因有：第一，原材料钢材和物流价格上涨；第二，竞争对手已经上调价格，迫使我们必须跟进；第三，广告费需要控制。"人们倾向于喜欢听结论先行的表达方式，和大脑的运作方式有关系。大脑如果提前知道了结论，就会自动把接下来获取的相关信息归纳到这个结论下面，并主动去寻找联系。相反，如果在没有结论的前提下，大脑就会很困惑，一直试图弄明白各个观点之间的联系，这样理解起来就很费劲。

这样上面案例中，负责产品销售的员工的两种表达，第一次，不介绍结论，直接介绍各种论据，给人的感觉很混乱，听起来很费解。第二次的结论先行，后面条理清晰的论据，让人一下子就能理解。

虽然包含的信息一样，但对听者来说，两种表达方式却有天壤之别。

>归类分组

大脑是分区管理的，而且很喜欢逻辑分区，喜欢将东西分门别类放好，容易记忆。而当大脑接收的信息太多太杂乱，就容易放弃或者漏掉信息。结果导致信息传递失败。

周磊临时接到信息要出差，他立即给家中的妻子打电话，让她帮忙收拾行李。"我要赶两个小后的高铁出差，录音笔在床头柜的抽屉里一定要带。再帮我带一条领带，手机充电宝不能忘，牙刷牙杯就不用了，毛巾带一条。对了，听说那边天气比较冷，帮我准备一个厚外套。再带点现金……我想想，还有剃须刀、袜子、内裤都别忘了。"最后，上车后，他发现有好几样东西，妻子没帮他准备。

　　虽然周磊在开头就表明了他的目的，但缺乏的是按照逻辑将事件进行分组的思想。而归类分组的思想才是"从结论出发"表达的精髓所在。因为被列入结论的这些事件如果没有归结在一起，所以，事件被打散，变得杂乱无序，难免会有所遗漏。这显然完全无法保证"从结论出发"的表达方式起到它应有的效果。

　　这就需要我们对信息进行分类归组，将同类物品在脑子里进行思考和概括。记得金字塔图吗？分类归组对应的就是主题之下的第二层和第三层。我们以 9 种健康食物为例，来看归类分组，如图 2-2 所示：

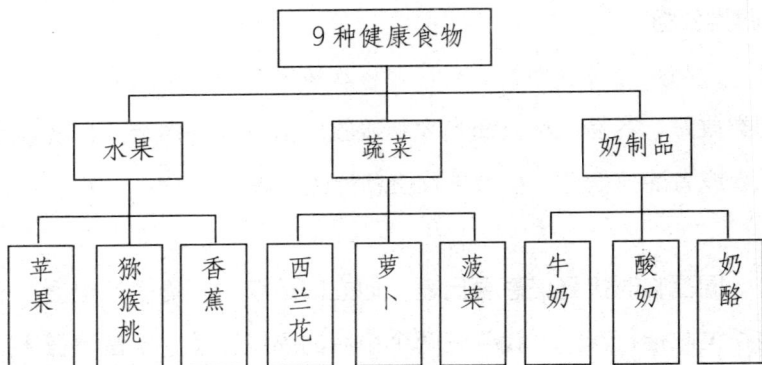

图 2-2

可以看到，归类分组后，物品种类一目了然，记忆起来就容易得多。比如上述周磊的案例中，如果他将所带物品分为工作必备品，生活必备品，然后把需要的物品归类，再依次告诉妻子，可能就不会导致遗漏了。

这里需要注意的是，每个论点下面的论据不要超过 7 条，一般 4、5 条比较合适。这是因为根据美国心理学家米勒的研究发现，大脑的短期记忆有限，没办法同时容纳 7 个以上的事情。

>逻辑递进

通过使用结论先行和归类分组后，我们就已经拥有了比较良好的表达方式，但是还需要我们利用逻辑递进来让事件的条理更加清晰。在讲话的过程中，我们可以将事件按照时间顺序、结构顺序或是程度顺序来进行排序。例如在讨论公司年度报表或生产效率时，最好选用时间的顺序，将公司的过去、现在和将来分别进行统计和规划；在讨论上下级的组织部门关系或经营领域时，最好选用结构顺序来对各个部门分门别类或是将经营领域进行划分；在讨论客户需求或是面临的困难时，最好选用程度顺序分别按照客户的意愿和困难的大小进行排序后阐述。

另外，金字塔原理运用之前要注意四点。

第一点：从现代人的阅读习惯出发，人们往往重点看每一段的第一句话，那么第一句话就应该表明我们论点的核心意思，接下来通过论据证明这个论点，论据不要过多，尽量保持在七个以内。

第二点：低一级观点要服从高一级观点的统领，根据逻辑关系由高到低，像金字塔一样依次展开。

第三点：每一个观点下的论据只用来证明该观点，避免一个论据证明两个观点的情况。

第四点：按照逻辑递进层层分析，不要跳跃式分析，一方面因为跳跃式分析不容易让人们理解，另一方面因为我们的思维可能出现漏洞。

3 / 讲故事的逻辑：要符合"U形公式"

故事精彩与否的关键在于情节。如果你把一个普通人的日常拍成电视剧，白开水一样谁想看？好的故事会在平静中投入波折，就像突然中了彩票，又染上赌博，亏得倾家荡产……用矛盾冲突把平静的湖面搅得翻腾起来。紧张刺激、跌宕起伏的故事情节，总能扣人心弦，让人欲罢不能。

要设计出曲折的情节，也是有公式可套的。这个公式就是：

>正常状态遭遇挫折跌到谷底奋起逆袭重获精彩

这被称为是编剧学里的 U 形结构。利用这个结构，我们不仅可以把一个故事讲得逻辑分明，也可以让整个故事以及里面的人物更为丰满，有血有肉。我们以电影《当幸福来敲门》为例，解析这个结构。

《当幸福来敲门》讲述的是黑人男青年克里斯·加德纳靠努力和毅力逆袭人生的故事。

第一阶段（正常状态）：一个慈爱可亲的爸爸，即男主人公加德纳，在叫正在睡懒觉的儿子起床，一帧非常温馨有爱的画面。

第二阶段（遭遇挫折）：加德纳作为一名医疗器械推销员，很久没推销出去一台机器，已经无钱支付家里越来越多的账单。因为经济负担过重，他和妻子矛盾加剧，妻子一气之下，独自离开了。

第三阶段（跌入谷底）："屋漏偏逢连夜雨"，加德纳因为没钱支付房租，失去了住的地方。他只好带着儿子去教堂排队领救济，夜里躲在地铁的公共厕所里。

第四阶段（痛定思痛）：为了自己和儿子的未来着想，加德纳决定去一家证券经纪公司竞争股票经纪人的岗位。但他完全没有一点股票知识，要得到这份工作简直是"异想天开"。而且，想要得到这份工作，还需要做6个月无薪的推销员工作。

第五阶段（奋起逆袭）：尽管他不得不靠卖血度日，不得不一边照顾儿子，一边推销，一边学习股票知识，还要一边抢睡的地方。但加德纳没有放弃，从不消沉，总是尽可能"体面"地出现在公司，想尽一切办法去克服困难。

第六阶段（重回巅峰）：加德纳成了股票经纪人。后来结识一位很不错的商界名流，创办了自己的公司。

这六个阶段梳理下来，可以看到，故事从起点到转折，到发展，到高潮，再到最后落幕，线条清晰，结构严谨，流畅自然。利用 U 形结构讲故事重要的是逻辑贯穿，在不同的阶段，需要注意的点也不同。

>第一阶段快速进入主题

快速进入主题，避免拖拉。开头平静的画面要以最快的速度打破，否则很容易让人失去耐心。瞬间的转折，才能把听众的胃口吊起来。

央视主持人敬一丹在《传播有价值的声音》中，讲述了这样一个故事：有一次，他们在采访一户人家时，看见一位老妈妈正在煮一锅黑乎乎的野菜，煮开后，往里撒了一把玉米面。当时，他们都以为那是用来喂猪的。没想到，老妈妈自己端起碗吃起来，那是她的饭。

他们再往屋里四下打量一下，真的是家徒四壁，所有的家当加在一起也顶多值几十块钱。摄影师看不下去了，就掏出一张 100 元的纸币，对老妈妈说："您去买点小猪来养，也许能帮上一点忙。"

后来，听县长说，这 100 块钱，在整个山沟里都破不开。

敬一丹通过被记者以为是猪食的"撒了一把玉米面"的野菜，直接跳跃到"得知是老妈妈的饭"，瞬间就让贫穷的味道刺激到人的神经，后面的描述也让整个事情更加沉重地敲击着人心。

>中间阶段利用细节描写增强感染力

所谓细节描写就是将最细微的部分放大，比如一句话、一处景、一个表情、一个动作，都用特写镜头放大。通过准确、生动、细致的描绘，使读者"如见其人""如睹其物"，看得清清楚楚、真真切切。

霍莉·莫里斯站在 TED 舞台上，讲述了一段自己在切尔诺贝利，播报世上最严重的核灾事故的经历：

她说当时自己只想赶快完成工作离开。但当她望向远方，竟然看到有农舍升起袅袅炊烟。她很惊讶，怎么还有人会住在这里？要知道，这里可是地球上污染最严重的地区之一。后来，她了解到，留下来的 200 人中多半是女人。她们之所以冒着死亡的危险留下来，因为她们觉得守着父母和孩子的坟墓，在春天的午后听鹳鸟吟唱过五年，也要比被困在郊区的高楼里活十年更有意义。

袅袅炊烟和听听鹳鸟吟唱的细节描写，让霍莉·莫里斯讲述的经历更触动人心。讲故事也像拍电影那样，有些地方要用"慢镜头"，多费些笔墨唇舌；有些地方需要"特写"，要进行极为详尽的描述；有些就要根据会场情绪进行增删。你要多刻画细节，靠生动的事实和细腻的心理剖析打动观众，感染观众。

>最后阶段要简明精练

当前面的内容已经足够详尽，最后只需要直接总结或者点明结局。这种手法就像是"王子和公主幸福地生活在一起了"，停住，然后就不再赘述了。如果结尾篇幅过长，会使整篇故事拖沓，减少艺术感染力。

4/ 类别清晰的表达之 MECE 法则

MECE 法则是"Mutually Exclusive Collectively Exhaustive"四个词语的首字母缩写，译为"相互独立，完全穷尽"，该方法是金字塔原理中一个很重要的原则。即在思考问题、分析信息时需要做到：归类分组不重复、要点分析不遗漏。如图 2-3。

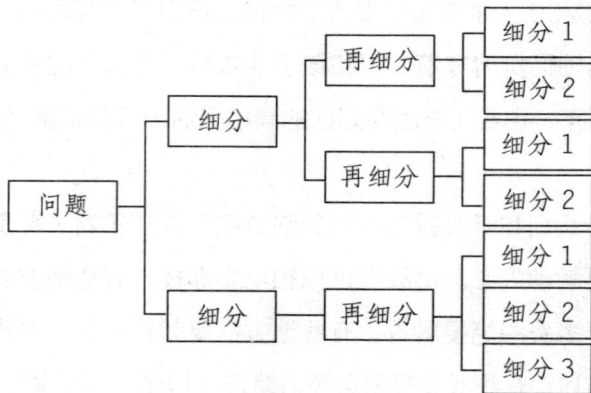

图 2-3

从图中可以看到，MECE 法则就是把一个问题分解成若干个分支问题，然后根据实际情况，把分支问题继续细分。经过这样一个分析的过程，会得到一个树状结构图，里面包含需要解决的具体问题。

MECE 分析法能够帮助我们做到不重叠、不遗漏地对问题进行分类，有效把握问题的核心。在我们对信息进行分组整合的时候，必须保证分组之后的各部分符合以下两个要求：

1. 相互独立，无重复。这一点强调分成组的各部分之间是相互独立的，即分类是在同一个标准／维度上有明确的区分，不可重叠交叉；

2. 完全穷尽，无遗漏。这一点指所有的组综合在一起组成事件或问题的整体，意味着全面、周密、无遗漏。

在运用 MECE 分析法之前，我们可能会对 MECE 本意中的"相互独立，完全穷尽"产生错觉，这里需要清楚的是"完全穷尽"是在界定的范围内，如果研究没有边界，何谈"完全穷尽"呢？

MECE 法则的特点就是条理清晰、周密全面、分析透彻，让表达更完善更有逻辑。它的运用步骤如下：

>第一步：明确问题

在分析问题之前，一定要明确需要解决的问题到底是什么。不要以为这个很简单，实际上，很多时候我们常常被表面的问题而迷惑，以至于忽略了本质问题。

例如，一家公司的餐厅周二全天都是包子，由于不限量，餐费又是按天收取的，于是有些员工就会中午吃饱以后，还会打包一些包子带走。以至于到了晚餐，包子就供不应求了。从表面上看，这是员工的素养有待提升的问题，但上升到道德层面，就不好解决了。如果不能寄希望于每个员工都是圣人，那只要解决包子的供应量问题即可。而要解决这个问题就简单多了，可以下次多做点，或者临时用速冻包子、饺子、面条等来代替。餐厅要保证的是员工有饭吃，包子只是选择之一。

明确问题的方法就是从需求出发，因为问题的出现都是需求没有被满足。当然，需求也有浅层次和深层次之分。只有涉及深层次需求的问题，才是真正的问题。比如，一位妈妈看中了一款笔记本，却迟迟不能下定决心下单。表面看，是她对笔记本没有完全满意。但实际上，这是她想要买来送给儿子的18岁生日礼物，担心儿子不喜欢。那么，问题就明确了，推销员需要解决的问题是，年轻的孩子喜欢什么款式的笔记本。

>第二步：对问题进行分类

确定问题后，下一步就是对问题进行分类。分类需要一个标准，这个标准依赖于第一步的问题。如果第一步的问题是孩子专注力差，那就可以按认知通道的标准来划分。因为认知通道有听觉通道、视觉通道和动觉通道，那么按照这个规则，专注力就可以分为听觉专注力、视觉专注力和动觉专注力。

如果实在找不到分类的标准，也可以按照好和坏进行简单的正反对比。

>第三步：进一步细分要素

基于第二个步骤的划分，第三步是对分类后的问题进行再次细分。再次细分才能更全面地展示全貌，让我们找到想要的东西。比如，我们要分析电影中的某个人物角色，第二步仅仅是按好人和坏人来划分，还不足以让我们了解这个人物或者角色。只有在好人和坏人的基础上进行细分，比如性格、脾气、爱好、品质等，才能让我们有更立体更详细的了解。

>第四步：检查和补充

为了更全面，更完善地表达，一定要对前面的分类进行检查，发现有明显的遗漏，及时进行补充。

此外，MECE分析法的应用还需要考虑各个要素之间是否有时间上的先后顺序，是否存在因果关系，主次关系如何排列。一定要保证要素之间不冲突，不交叉，重点突出。

MECE分析法的运用并不容易，要想熟练运用，唯有多尝试，多练习，多总结。我们要训练大脑按照某个标准把一个整体细分为更小的部分，让表达更有条理，更全面。当一个问题被不断细分为更小的问题，就容易得到解决。

5/SWOT分析法让你的思维更严谨

SWOT分析法源自麦肯锡咨询公司的SWOT分析，SWOT分别是下面四个英文单词的缩写：

S：Strengths 优势；

W：Weaknesses 劣势；

O：Opportunities 机会；

T：Threats 威胁。

优势、劣势、机会和威胁就是 SWOT 分析的四个方面，这个分析能帮助企业把资源聚集在自己的强项上，让企业的战略变得明朗。如图 2-4 所示：

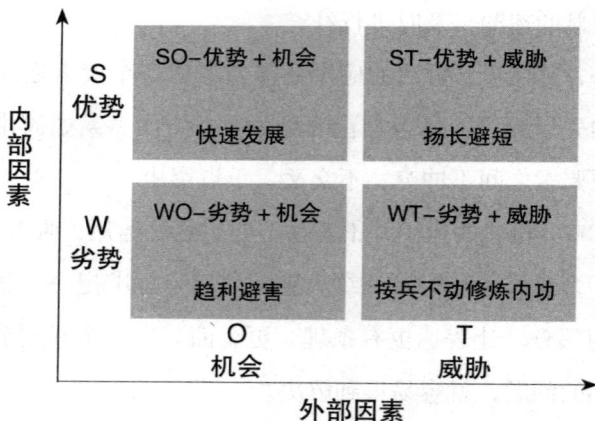

图 2-4

SWOT 分析法不仅适用于企业，也适用于个人。在使用的时候，我们可以先建立坐标系，把 S（优势）—内部的有利因素、W（劣势）—内部的不利因素、O（机会）—外部的有利因素、T（威胁）—外部的不利因素，依次画在坐标轴里，以此更形象客观地进行自身优势、劣势、机会和威胁分析：O 填入第三象限、S 填入第二象限、

W 填入第一象限、T 填入第四象限。如图 2-5 所示。

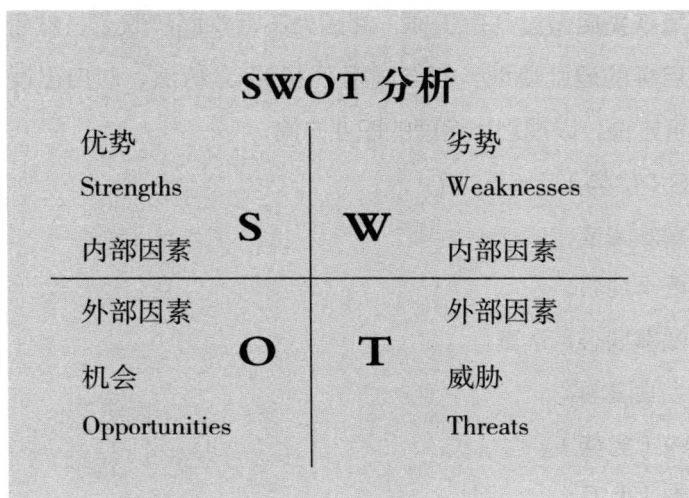

SWOT 分析

| 优势
Strengths

内部因素 **S** | **W** 劣势
Weaknesses

内部因素 |
| 外部因素

机会 **O**
Opportunities | **T** 外部因素

威胁
Threats |

图 2-5

这样的填充是最简单的形式，只是简单分清楚我们的内外优劣，而要得出策略，还需要结合 SO、ST、WO、WT 来进行分析。SO 代表着自身的优势条件和绝好机会，以此类推，ST 代表优势与威胁，WO 代表劣势与机会，WT 代表劣势与威胁。

初入职场的新人想要做职场规划，SWOT 分析法便可派上用场。

首先清楚地列出四个点：S（优势）：比如学过什么技能、有什么兴趣爱好；W（劣势）：知识技能不足、缺乏足够的经验；O（机会）：外部有利因素如时代行业整体环境、地区经济发展水平；T（威胁）：外部环境不利因素如行业整体存在衰退可能、发展前景狭窄。下面我们以吴跃的案例来进行具体分析：

吴跃先后做过几份工作，都因为不喜欢而辞职了，然后陷入没有目标的混乱境地。他尝试用SWOT分析法，对自己重新进行分析定位，以规划出合理的职业方向。

S（优势）：

喜欢阅读；

善于观察；

做事细心，认真；

会画漫画。

W（劣势）：

表达力弱；

容易犹豫，不够果断；

追求安稳。

O（机会）：

新媒体行业兴起，提供了更多的工作机会；

信息化时代，学习和阅读的范围更广。

T（威胁）：

裸辞三个月，经济窘迫；

求职高峰期，正逢用人低谷期。

经过分析，吴跃决定把目光锁定在文字编辑类工作，优先选择需要漫画插图的文字工作。既满足了自己的爱好，也避开了自己的弱项，可以确定自己未来长远的发展方向。

SWOT 分析个人职业生涯能帮助我们明确自身的优劣势，发扬有利因素，避开自己劣势。这个分析可以将问题分为轻重缓急，明确急需解决的问题和可以稍微拖后一点儿的事情。

系统分析列举出来的研究对象，通过相互匹配的各种因素得出带有一定的决策性的结论，让我们对自己的职业生涯做出较正确的决策和规划。SWOT 分析对企业而言，有利于领导者和管理者将似乎独立的因素纳入系统的思想中进行综合分析，从而更加科学全面地制定企业战略计划。

SWOT 方法广泛应用于战略与竞争分析研究中，此方法即使没有精确的数据支持和更专业化的分析工具，也可以直观、简单地得出具有说服力的结论，基于这一优点，SWOT 分析法成为战略管理和竞争情报的重要分析工具。

6 /SCQA 模型，让表达更有层次感

SCQA 模型是一个结构化表达工具，是麦肯锡咨询顾问芭芭拉·明托在《金字塔原理》中提出的，一个可以让你的表达力瞬间提升数倍的结构模型。

SCQA 分别是四个英文单词的缩写：

S：situation 情景；

C：complication 冲突；

Q：question 问题；

A：answer 回答。

运用 SCQA 分析法时首先确认 S 代表的情景，应该是大家熟悉、普遍认同的，这样切入容易让人产生共鸣。然后明确这种情景带来的冲突 C。接着引出问题 Q，提出问题时尽量站在对方的角度思考。最后给出解决方案 A。前三个步骤都可以在分析中得出，最后的解决办法是需要根据前面的分析来制定，具有不确定性。

无论是在给领导提建议，还是做报告，或者是发微信，都可以利用 SCQA 模型快速精准地传达信息。

>给领导提建议

比如面试时，你需要向面试官阐述你的工作能力和经验，就可以遵循下面的结构：

情景 S："在最近几个月的会计工作中。"

冲突 C："我发现公司使用的财务系统没有实现自动化，需要很多手动记录工作，花费的时间比较长。"

问题 Q："财务系统过时，不仅直接降低了工作效率，而且导致出错率也很高。"

回答 A："我建议使用最新的财务系统。"

这样表达，会让面试官觉得你是一个注重工作效率的人。

>做工作报告

比如，销售人员在做工作报告时，用 SCQA 模型可以这么说：

情景 S："我这个月的业绩标准是 10 万。"

冲突 C："经过努力，我完成了 7 个单子，一共 9 万，还差 1 万块。"

问题 Q："有一个跟了很久的一个客户，他觉得对手的产品价格比我们便宜，正在犹豫。"

回答 A："我分析了一下对手的产品，发现他们的价格虽然比我们的便宜，但功效上却没有我们的明显。我们的产品差不多半个月就见效，对方的则至少需要一个月。下次去拜访客户时，我会针对这一点来说服客户。"

这样汇报工作，不仅让领导清楚你的工作进度，而且也会让领导觉得你是一个勤奋、上进，善于反省和总结的员工。

>微信求助

比如发微信求助，使用 SCQA 的模型可以这样说：

情景 S："老周，我公司软件上线后出现了好几个 bug。"

冲突 C："目前已经有两个客户投诉了。"

问题 Q："但找了几个人都没有解决。"

回答 A："听说你认识一个 IT 界的牛人，能不能帮忙引荐一下？"

这样表达很容易让对方明白整件事情的来龙去脉，方便及时给你明确回复，避免对方看不明白需求而不能给出明确回应。

利用 SCQA 的模型表达，有时候是可以省略掉 SCQA 中的 Q 的，因为当冲突出现后，听者会自动在脑子里出现问题。所以，如果你的 SCQA 中没有 Q，也是没有关系的。

另外，SCQA 模型还可以演变出以下三种形式，方便我们在表达时应用。

>ASC 模式

这个组把 SCQA 模型中的最后一个回答调到了最前面，表达顺序变成了回答、情景、冲突。一般在时间紧急或者对方不耐烦听的时候使用。这个表达方式类似于前面说的结论先行，可以让对方快速掌握重点，快速做出决定。

>CSA 模式

CSA 的表达顺序是冲突、情景、回答。这个表达方式在广告中最为常见，目的是为快速抓住大家的注意力，吸引对方继续看下去或者听下去。

比如，你是不是一整晚都觉得没有睡着？醒来后感觉头昏脑涨，浑身乏力？这是冲突 C。如果你刚好有这样的症状，就会想要继续往下听。失眠的原因一般有以下几个……其中枕头的作用不容小觑。这是情景 S。最后给出回答 A，我们最近研发出的一款药枕，能有效改善你的睡眠，让你一觉到天亮。

>QSCA 模式

这个表达模式以问题作为开头，然后借机给出解决方案。这个表达会让人觉得你准备充分，常用于 PPT 展示或者是知识分享的时候。

比如，你在做一个关于提升自信的主题演讲，就可以用问题 Q 这样开头：你想变得更加自信吗？

然后用情景 S 描述：一些人认为自信是天生的，有的人天生就具有自信的特质，说话、做事底气十足。

接着是冲突 C，但事实上，心理学家经过大量的研究证明，我们可以通过后天的训练来提升自信。

最后是回答 A，其实，你能做到的越多，体验到的成就感越多，对事情的掌控力越多，内心的自信就会越强。

这个回答就回应了一开始对方所提出来的问题，让对方一目了然。这个顺序，不仅能让对方把注意力集中在你身上，也会让你接下来的表达更有逻辑。接下来你就可以把你的主题内容、重点一个个说出来。

SCQA 是一个非常有弹性的表达模型，我们根据不同的场景，对 SCQA 的排序进行灵活调整，从而让表达更有重点，让对方更愿意倾听。

7 / 完美收尾，构建"逻辑铁三角"

学会总结，可以让我们的语言像一个牢固的铁三角一般，让别人没有空子可钻。比如有人说："办公室的厕所总是没人打扫，上班时常常闻到一股臭味，同事对此都有意见。里面的垃圾桶也没有人清理，饮水机离办公区太远了，非常耽误时间。还有厕所里的抽纸盒总是空的……"这样的话听起来就非常没有条理，东一句，西一句，让人找不到重点。

如果我们这样说："办公室的厕所总是没人打扫，垃圾桶也没有人清理，还有里面的抽纸盒也经常是空的，饮水机的距离有些远，喝水非常不方便……我建议……"这句话的意思其实与前面那句一样，但加上了总结的话语后，语言就显得有条理，也更令人信服。

总结就像给表达画一个句号，让松散的推理或者论证稳稳地站住。当然，好的总结不只是给表达一个结尾，更要努力设计给对方一个印象深刻的告别语。常见的说话结尾技巧如下：

>关照式收尾

这种结尾是因为表达的内容具有一定的私密性、范围性，当表达结束，需要关照对方不要将内容传扬出去。比如，"刚才讲的这几点，是我个人的一些不成熟的看法，希望你不要传出去，以免引起不必要的麻烦。"或者："以上这些是我的一些心里话，只对你说了，就不必让别人知道了。"

这种关照式收尾，有提起注意、强调重点和防患于未然的作用。

>征询式收尾

表达即将完毕，表达者根据沟通的目的结合交谈情况，征询对方的意见、说明等，就是征询式收尾。如相亲一段时间，想要进一步确定关系，可以问"我们接触了这么久，也互相有了一些了解，你发现我身上有哪些缺点，希望你能开诚布公地提出来。"或者"我这个人不太会甜言蜜语，但我对你是真心的，不知道你心里对我有什么样的看法？"如果是领导结束和下属的谈话，可以问："这是下个月的工作安排，看看你有别的什么要求和意见吗？"或者"年底了，任务比较重，你看看有什么困难吗？公司一定尽力帮你们解决。"

征询式的收尾往往能给人谦逊大度、仔细周到的印象，让人倍感亲切，有利于沟通。

>归纳式收尾

这种结尾多用在内容较多的表达中，为了防止前面的被遗忘，可以在最后概括归纳为几点重复一遍。比如，"我刚才一共说了三件事，第一是……第二是……第三是……"

这种归纳式收尾条理清晰，中心突出，主题再现，可以达到一目了然的沟通效果，所以备受推崇。

>邀请式收尾

邀请式收尾是一种客套的礼仪，在交际中是必不可少的。一般用在前面表达的寒暄，最后说："下次来北京，我们一定要好好聚聚。"或者"如果你再路过我家门口，一定来家里吃顿便饭。"

>祝愿式收尾

这种收尾方式不仅具有礼节性，而且具有强大的鼓动力，附加适当的语气，会让对方觉得正能量满满。比如，"生活就是拼搏，祝愿你在新的一年里，所求皆所得。""保重！事业新开始，衷心祝愿你旗开得胜。"

>道谢式收尾

  道谢式结尾同样具有很强的礼节性，适用的场景和对象非常广泛，无论是朋友、同事，还是上下级，或者初交者都适用。比如，"真是'听君一席话，胜读十年书'，你的话让我重新看到了希望，真是非常感谢。"

  总之，结束表达的方法多种多样，只要我们能够驾驭情境，选择得当的话语，交谈结束时，就能给人留下一个完美的印象。

第三章

职场表达万能公式，
有条理即高效

1 / 轻松应对开会的发言模式

上学的时候，最怕老师突然点名回答问题。长大工作了，最怕开会领导突然让我们发言。很多的职场恐会族，开会的时候，只想坐得远远的，不想参与发言讨论。会议上的发言，往往是一个人思维能力和工作能力的体现。当你害怕讲话的时候，你的工作能力正在削弱，你的机会正在流失。

其实，会议发言没有我们想的那么可怕，也是有套路可循的。

>准备材料，收集信息

开会前，了解会议的主题，尽量做好材料搜集工作。准备材料的时候，不用担心逻辑顺序或者是否切题，把可能用得上的信息都罗列出来。如果是临时会议，不知道会议主题，那就对自己的工作做个总结，以方便在会议上进行汇报。同时不妨留意公司最近发生的大事或者重要项目，做一些相关准备，有备无患。

>梳理材料

材料收集好后，一定要做一个梳理，提炼出重点，写在便签上。尤其是领导强调的重点工作和问题，要做到心中有数。

提炼出重点后，要尝试在脑子里用自己的语言表达一下。看看用什么词语表达更自然，如何表达更有逻辑。

>有观点有分析

表达的观点一定要站在公司的立场上，能为公司谋利益的观点才最容易被认可。发表观点时一定有理有据，陈述论据时一定要分点讲，用 123 表示，简单明了。

>坦然自信，大方表达

表达的语气很重要，底气十足才容易说服别人。如果表达时，没有自信，就很容易被质疑。所以，表达时要站直，敢于看着别人，不要有负担，不要害怕出错。即便说错了，在领导眼里，也比不说的人值得栽培。

>就事论事，不否定

开会发言，注意在没有涉及大是大非的问题上，尽量不要直接表达反对意见，更不要挑剔公司或其他人的毛病。因为公司出现的严重问题，轮不到做员工的来指点。应就事论事，客观表达自己的看法。比如你可以说："关于这个问题，我有个不太成熟的看法……"

>不牢骚，提方案

领导最讨厌下属发牢骚，但总是有人忍不住发牢骚。就算有一肚子牢骚，也不可以在会议上发。所以，最好的方法是针对问题提出改善的建议。比如，你可以说，"对于这个问题，我想了两个解决方案。"

>不拒绝，提要求

在会议上，领导通常会安排工作，如果安排给你的工作恰好是你不喜欢的，你该怎么办？

直接拒绝肯定不行，明摆着会让领导下不来台。最好的办法就是不要当众拒绝，你可以说明难处向领导申请相应的帮助。比如要人，要钱，要资源等。

最后，给你的发言写个开头和结尾。可以逐字逐句地写下来，防止发言时因紧张而忘记。开头主要是讲述你在会议上会说哪些信息，结尾是总结一下你一共讲了哪几点内容。

2 / 汇报工作的漂亮模板

职场中，一些人害怕向老板汇报工作，他们常常因为紧张而语无伦次。还有一些人汇报起来滔滔不绝，半天都没说到点上。如此没条理，没逻辑的汇报，自然不会讨喜，更不会给前程加分。

汇报工作，我们首先要确定汇报的内容和主题，然后进行梳理，尽量在较短的时间内讲完。梳理是为了保证汇报有条有理，层次分明。控制时间是因为领导可没时间在那里听你絮絮叨叨，长篇大论。

那么，汇报工作如何才能做到思路清晰，又简洁明了？下面，让我们来看三个漂亮的工作汇报模板。

>模板一：万能的结构化表达

同样的话，用不同方式表达出来，效果之所以不一样就在于语言有没有清晰的结构。有结构的表达一般表现为提炼关键点，常用"第一、第二、第三……"来表达。这是一个汇报工作的万能模板，无论你汇报工作的目的是什么，后续工作准备怎么开展，或者工作遇到了什么问题，有什么解决方案，都可以采用此模板。

为了提高公司业务量，销售部门经理章明哲在工作汇报会议上说："在提高销售业绩方面，我的建议有三点：

首先是加强线上销售。我们有自己的网店，但还不够，建议在抖音、快手等短视频平台加大营销力度。同时，可以打造企业微信，利用朋友圈来做宣传。

其次是激活老客户。按照我们之前积累的用户规模，若能保证老客户不流失，即便没有新客户，也能最大限度降低外界环境造成的风险。建议加强和老客户的联络，以折扣、礼品等回馈形式来激活他们的购买欲。

第三是产品创新。虽然我们的产品在市场上有一定的知名度，但用户需求在变化，国家政策上也在提倡使用节能环保材料，我们也要考虑产品创新，防止用户审美疲劳。"

最后，章明哲又对自己的话进行了总结说："我建议从线上销售、老客户、产品创新三个方面进行改革，相信能帮我们化解危机，打个漂亮的翻身仗。"

汇报工作前要把自己掌握的信息打包分类，然后逐条呈现，这样就会显得井井有条。结构划分的顺序，除了数字顺序，还有程度顺序；最重要的、次重要的、第三重要的，以及空间顺序；上中下或者东南西北中。

>模板二：开门见山，再说原因或经过

领导时间有限、看问题直击本质，想让他们喜欢你的表达，就要懂得开门见山，先讲出主题，然后再描述经过或者阐述原因。

张晨怡正在为设计稿是否能通过而忐忑，正好与老板在电梯间"不期而遇"，看他心情似乎不错，就说："头儿，前天交上去的文案设计样稿，您看了吗？"

老板："嗯，整体感觉不错，尤其是文案上那个缩略框架设计非常出彩！"

张晨怡："头儿的眼力果然厉害，当初设计的时候，这个地方真是颇费了一番脑筋的，本来……，不过……，结果……"

老板："听起来你真是用心了，考虑得很周全。我回去发给客户看看，也听听他们的意见。"

开门见山的汇报方式适合时间短促或者性子比较急的领导。省略前期的铺垫，能让对方第一时间知道你表达的重点。

>模板三：问题 + 建议方案

当你在某项重要的工作任务上遇到了难题，不知道怎么解决时，你跑去请示领导，领导让你回去想想再来找他。你绞尽脑汁想了两天，觉得有点眉目了。如果不做梳理，直接跑过去汇报，

很容易把自己思想的全过程，说得啰里啰唆，颠三倒四。这个时候，就可以使用问题＋建议方案的模板。

因为公司人才招聘效果不好，人力资源经理周维向老板汇报工作说："李总，这两个月的招聘效果很不理想，我们原计划招聘25名销售人员，现在只招到了12名。要改善招聘效果，我有两个解决方案：

1. 提高底薪标准。把原来每个月3000元的底薪提高到4000元，薪资有了竞争力，相信人会更好招一点。这个方案的好处是快速有效，弊端是要增加人才成本。

2. 降低用人标准。原来我们的用人标准是大专和本科生，建议将范围扩大到高职、中专院校的毕业生。学历低的人一般更珍惜工作机会，尤其那些因为经济条件而没有机会受更高教育的人，往往更吃苦耐劳。还有，我们原来招聘要求一年销售经验，我觉得也可以尝试给没有经验的人一个机会。这个方案的好处是也能较快改善招聘情况，弊端是可能导致人才素质上的差异。

以上两个建议，我个人比较倾向于第二个。关于素质的担忧，我们也有一些应对方法。李总，您看呢？

这种方法适合于带着方案去汇报，既给老板你准备非常充分的感觉，又能让老板一目了然，了解每个方案的利弊。

总之，汇报工作要讲究一定的逻辑层次，不可"眉毛胡子一把抓"。别小瞧和领导汇报工作的短短几分钟时间，它能决定你是被领导嫌弃还是欣赏。

3 / 回答领导的问题，说到点上

领导问你东，你却回答西，这是职场表达的大忌。比如，领导问你："工作遇到什么困难了吗？"你答："这个月的工作任务超额完成。"答非所问，不仅严重影响沟通效率，也会给人留下不良印象。

白经理让新来的于雪做一份工作汇报，总结她在这一个多月来所学到的东西。

结果，于雪交上来的工作总结里，用了很大的篇幅去写她的职业规划，以及对未来的人生构想。明明应该总结这一个多月里有什么进步，遇到了哪些困难和问题，于雪却答非所问，这令白经理很失望，觉得她理解能力有问题。

作为下属，如果连领导提的问题都没有搞清楚，就匆匆忙忙作答，然后给出一份风马牛不相及的答案，从侧面反映了下属的以下几个特点：

首先，这个人可能文化程度比较低，知识面也比较窄。面对一些专业的、有深度的问题，他不能做到很好地去理解和领悟。比如，一个学文学的被问到"核聚变的基本原理"，他很可能受限于所学而给出一个奇葩的答案。但学文学的如果在被问到"李白的成就"时，也是一问三不知，这就说明他的专业知识不扎实。

其次，这个人很可能存在精神不集中，不能很好地听别人说话的毛病。有一种人无论做什么事都心不在焉，或者三心二意。与领导沟通也不例外，经常听不清对方说的什么。这一类人也许不存在能力不足的问题，但他们的态度却是个大问题，让人不敢放心交代关键性的工作。

第三，这个人眼高于顶，不把提问者放在眼里。这一点很好解释，很多人自负才高，认为自己天下第一，他们通常都以自我为中心。哪怕面对领导的提问，也多是抱着"我开心就回答，不开心就随便应付两句，再不然我一个字儿也不说"的态度。

与领导交流，"答非所问"绝不仅仅只是答错了一个问题那么简单，很大程度上关乎到我们的职业生涯和个人名片。无论是工作能力不够，还是对待工作不认真，抑或态度不端正，都足以让我们成为领导眼中的"失败品""白吃饭的家伙"。答非所问看起来是小事，危害却不小。没有哪个领导会喜欢一个"听不懂自己说话"的下属，因此，我们一定不能轻视这个问题。

那么，我们要如何做，才能做到"所答即是领导所问"呢？

>与领导沟通时不开小差

在与领导沟通的时候，坚决不要开小差。不要在领导说话的时候，想着"我中午吃什么好，晚上去不去逛街"，认真倾听领导的每一句话。哪怕领导说的是废话，我们也要先听进去，然后再把这些废话过滤掉。若是因为这样就走神儿，难保领导不会在废话后面跟着一句有用的话。因此，想要"答即所问"，我们首先要成为一个好的倾听者。

>不要急着回答问题

在回到问题之前，先把领导的问题反复琢磨三遍，以确保自己的理解无误。如果实在觉得领导问得含糊其词，自己整不明白，那我们一定要敢于提出来，"经理，您刚才的问题我还有一点不太理解，可否解释一下"。很多人觉得这样做是彰显自己无能，恰恰相反，这完美地诠释了我们对工作的认真，对领导问题的上心。始终要记住，职场中结果才是最重要的，只要能确保我们的理解是无误的，那么"问一下"又有何妨呢？

答非所问也许不会导致逻辑上的混乱，但沟通中，如果是你往东来我往西，随便一通瞎扯，也谈不上是逻辑表达。

4/AEAP 公式，教你写完美工作总结

年底了，又到了写工作总结的时候。有多少人冥思苦想却不知从何下手，又有多少人洋洋洒洒写下数千言却看得人头晕。

一般来说，工作成绩展示、工作方法总结、工作遇到的问题、

未来工作计划是工作总结的必备元素。我们可以利用 AEAP 公式来让工作总结更有逻辑，AEAP 分别是下面四个英文单词的缩写。

A：Achievement，工作成绩。

E：Experience，亮点经验。

A：Analysis，问题分析。

P：Plan，未来计划。

为了让表达更清晰，我们可以用表格来呈现工作总结的内容，如表 3-1：

>AEAP 工作总结表

姓名

表 3-1

AEAP	问题列表	具体信息	备注
A 工作绩	1. 取得了哪些荣誉、证书 2. 完成了哪些工作 3. 目前的工作进度 4. 工作计划的完成情况		
E 亮点经验	1. 优化了哪些流程 2. 节约了哪些成本 3. 提高了哪些效率 4. 拓展了哪些渠道		
A 问题分析	1. 面临的挑战 2. 原因分析 3. 如何改进 4. 需要的支持		

P 未来计划	1. 下一步工作安排 2. 预计完成时间 3. 可获得的好处		
其他问题			

其中，工作成绩 A 可以从完成的工作、当前进展程度，以及计划实施情况等几个维度去描述。其中，要突出业绩是否达标，这是重点。如果业绩未达标，不要提苦劳，会让领导反感。

经验 E 可从优化的流程，拓宽的渠道，节约的成本，在哪些方面提升了效率等几个维度去描述。重要的是要有亮点，可以辅以数据和事实支撑，最好做到人无我有，人有我精，人精我独特。

问题分析 A 可以从面临的挑战，原因，改进建议等几个维度去描述，总结出当前存在的问题，以及给出解决问题的建议。要成为一名问题终结者，千万不要把问题提给上司，即便是需要领导协助解决的问题也尽量要点到为止。

未来计划 P 可以从下一步安排，需要的资源支持，初步的评价指标等几个维度去描述。未来计划是对未来的思考，可以不那么详细，但一定要有。

年底汇报总结不是战略业务规划，它是基于当前的事实依据去谈未来的可能性，要注意落地性和资源匹配的可执行性。工作总结不是头脑风暴，可以发散地写，在动手之前，请参考下面的步骤：

>列提纲

逻辑性在汇报材料中主要就是表现在它的谋篇布局，段落层次、开头结尾、过渡呼应是否合理有序。看书的时候书都有目录，材料也一样，要有一个自己的专属大纲，由大到小，尽可能详细地列出来，还要注意他们之间的逻辑关系，梳理归类，例如，如果是推论就要仔细核查一下，论据是否有推出论点的必然性，同等标题之间是否有重复交叉等等，

一份好的大纲可以让领导一眼看去便能知晓你汇报的思路和重点。把领导直接领进你的思路，还愁他看不到你的逻辑吗？

当然现在还有很多其他方式理清文章脉络，如思维导图等，你都可以尝试运用下，结合你的实际，选择一个你擅长的、喜欢的。

>排版

关于职场汇报有这样一句话"做 Word 不如做 Excel，做 Excel 不如做 PPT。"你做纯文档，长篇大论会让领导看得视觉疲劳，这是人的生理因素决定的。有时候换成表格梳理分类能让你的内容一目了然，有时候 PPT 能更加简洁生动形象，即使是纯 word，也要注意一个美观的排版，没有人喜欢黑压压、密密麻麻的一大片文字。当然这些要结合你的实际，视情况而定，去选择更好的呈现形式。

5 / 用正确的逻辑结构写电子邮件

在职场当中，对于精英的标准从来没有唯一定论。不过大多数被大家成为职场精英的人，都是在工作中非常可靠的员工。同样，我们如果为了在职场中取得领导和同事的信任，不妨就先从最基础的写邮件开始。

现在大部分公司的工作环境中，邮件是一种经常使用的交流工具。通过分析一封邮件，我们就可以看出一个人的思维方式和工作习惯。

很多初入职场的实习生或者应届毕业生，没有太多的工作经验，对于写工作邮件这件事可能会非常头疼。既不敢凭自己的感觉写，又不知道从哪里入手。一封错误的邮件，不仅会影响信息传递的效率，还可能会给同事和领导带来不愉快的体验。试想，你收到了这样一封邮件：标题中含有多个"转发"没有删除，正文中也没有具体的称呼，叙述的事情也没有分段，密密麻麻的文字堆叠在整封邮件当中。对于这样没有礼貌、毫无写作章程的邮件，你怎么会有耐心去阅读，只会心生厌恶，从而忽略邮件内容。

邮件书写需要遵循效率、礼貌、清晰，三个核心原则。

工作中我们利用邮件与对方交流其实也是为了节省对方时间，邮件中一分钟就能写清的事情，可能需要在电话中与对方交流十分钟，或是在微信中聊天半个小时，所以效率就是邮件的第一要素。切忌长篇大论地阐述自己的观点，要想办法精简内容，节省收件人的阅读时间。

礼貌原则主要是能够体现我们在工作中尊重对方的一种态度，可以让对方感到亲切感。

清晰原则则可以体现出我们的写作能力，同时也能够让对方轻松阅读。

写邮件直接影响一个人在工作中的沟通能力。在书写邮件时，以下几点我们需要特别注意：

>使用总分总的写作方式

在邮件的开头我们可以将自己的观点和态度表明，让对方首先知道我们写这封邮件的目的，然后再逐条、分段落地进行论证或是阐述自己的观点，最后再进行总结并表达希望收件人配合的事项，末尾也可以再加一些客套的用语。

如果我们表达的内容比较多，那么最好要添加序号，并分段落进行阐述，这样才能够方便收件人进行阅读。倘若邮件当中有一些重要的信息我们不希望对方忽视，那么也可以适当地加粗或是变换字体颜色来着重强调。

>切勿在邮件中展示文字功底

很多人喜欢在邮件中引用大量的形容词、长句、诗词、排比句等写作手法，然而这样的做法实际上是在挑战收信人的耐心。一封充满修辞方法和各种句式的邮件，相当于给对方出了一篇阅读理解题。非常容易让对方厌烦，或者在某些字词方面产生误解，进而影响沟通效果。

>不要忽视附件的细节

1. 修改文件名

在发送附件时，不仅需要保证正文和附件的文件名一致，还要认真命名附件名。不要直接把"新建文本文档""新建 Word 文档"的文件发过去，这样容易让对方认为我们的态度不够认真，进而影响收件人对我们正文的态度。

2. 巧用结尾的签名档

虽然签名档并不被大多数人重视，但是签名档其实是我们展示重要信息的一个窗口。对于工作中不同的收件人，应该展示不同的签名档，并在发送邮件的时候进行灵活调用。在签名档里，可以留下联系方式或是表达自己的其他意愿，如果邮件中的问题需要双方及时联系沟通，这个细节尤为重要。

>发送前多检查一次

在我们点击发送按键前，最好对邮件再全文通读复查一遍，确保万无一失。对于像合同范本、商品目录、介绍信、告示函这样的重要信件，我们还需要再次核对文中标题、抬头、正文、附件、签名档位置对收件人的称呼，以及数字、标点符号是否正确，同时还要排查某些可能产生歧义的词语。

经过这些步骤的检查，就能保证我们职场邮件有非常高的质量。同时，收件人也会从邮件中发现我们认真积极的工作态度，并愿意与我们合作。

6 / 职场必备数字表达力

如果说世界上存在通用的逻辑，那一定就是数据。数据代表着理性和严谨，口若悬河有时候远没有简单的几组数据来得更令人心动。相较于语言，数据的存在更客观且可视性强，不仅能凸显专业性，也会更有说服力。

尤其是在职场中，使用数据说明问题是一项十分重要的能力。研究表明，具有"数字表达力"的员工，他们的薪资要比普通员工多 30%，失业率仅占普通人的 50%。

职场小说《杜拉拉升职记》中，杜拉拉突然被老板李斯特问道："按照你的估算，上海的办公室装修需要花多少钱？"

杜拉拉说了这么一段话："上海办公室的装修是五年前的设计风格，这次重新装修各项变动会很大，基本上所有间隔都必须重做，这也就导致房间的布线和屋顶的消防也要重新做。而且上海办公室的家具已经超过了折旧年限，交换机系统也是如此，这两项都必须更新；现在办公室的面积为 4500 平方米，再签租约，一般是 2 ~ 3 年的租期，根据我的理解，DB 在中国的业务呈明显上升趋势，考虑到未来 2 ~ 3 年的走势，比较可行的做法是在现有面积上，多加 10% 的面积，就是总面积会达到 5000 平方米左右。综合上面几条，每平方米的理论价格会达到 1500 元左右，总预算应在 750 万左右。"

杜拉拉的一席话让李斯特十分震惊，由于之前就该问题询问杜拉拉直属领导时，对方给了 450 万的意见，而杜拉拉的估算相差甚远。但是，李斯特更倾向于杜拉拉的结论，因为她的整段话中存在很多细节数据，无论是办公室面积、租金，还是一些需要调整的项目，都包含在数据中。

数据相较于抽象的描述更能带给人们详细直观的感受，但表述中所使用的数据切勿凭空捏造，真实准确才是它们生效的基础。因此，在表述之前我们一定要做好充分的准备，确保所收集信息的准确性，使表述中的逻辑更加清晰、严谨。

比如，比较下面两种表达方式，哪一种更具逻辑性。

第一种：我们推荐的这款产品，用户群体十分广泛，数量也很庞大，活跃度也很高。

第二种：我们推荐的这款产品目前的用户数量为 300 万人，日活跃用户数量高达 80 万人。

显而易见，第二种表述的逻辑严谨程度要远远高于前者。出现该结果的主要原因就是我们将第一种表述中的"广泛""庞大""高"等形容词，变更为具体的数据。一些人在职场沟通中，还是习惯使用"很大、很好、非常"等形容词和副词，以此加强自己的观点。但是，这些词汇太过于模糊，更像是对某一观点的概括或估计，并不能清晰地描述客观事实，这就使得我们在讲究精准和效率的职场中，很难将一件事做到尽善尽美，而详细的数据更能让对方在脑海中出现清晰的概念。

为何数字能够提高表述逻辑的严谨程度？其价值在于论证问题时，可以使文字的思想变得准确化，使问题变得更清晰、直观。当我们在表达一个观点时，数字可以帮助我们量化问题。职场表达，如何使用数据？

>筛选数据

我们身处信息时代，身边的一切信息都在电子化、数据化，因此，我们拥有多种渠道、多个机会来获取各种各样的数据。于是，一些人在表述中就走进了另一个误区：过于依靠数据的力量，以至于一股脑地展示出自己所收集的一切数据。其实，这样反而会降低表述的逻辑严谨程度。因为，太多太杂的数据不仅会影响我们所表述内容的条理性和流畅性，也容易使听者一头雾水。而对数据进行筛选，就是为了让我们获得对表述的结论最具价值、最有利的数据。

>形象解释

数据是冰冷的，因为它们本身并没有任何意义，当我们将数据通过更为形象的方式进行解释，就能使数据背后的含义变得丰满，更容易理解，更好地支撑自己的结论。

数据的形象解释一般有换算、对比、类比等多种手段，比如，某奶茶品牌的广告中：每年卖出5亿杯，杯子连起来可绕地球2圈。这就是使用了换算的方式，将奶茶的销售数量与地球的大小做比较，更为形象地展示了产品的销量多的特点，

>关注时效

一些作为问题分析之用的数据是具有时效性的，比如，产品的价格、吸烟的人数，都是跟随市场或时间不断改变的。因此，我们在使用数据之前，一定要养成及时掌握数据变化规律的习惯，在向客户或说服对象介绍时保证数据的准确性，避免因使用过时或模棱两可的数据使自己染上蒙骗的嫌疑。

>选择时机

如果想让我们的数据更具说服力，在运用数据时一定要把握合适的时机，比如，当对方对某一理论提出异议时，数据就能做出很好的证明。

总之，数据具有神奇的力量，能够以一种简单的方式来说明问题，只要我们在说服过程中使用得当，就能帮助我们很好地获得对方的信任，达到说服的目的。

7 / 逻辑，职场 PPT 的灵魂

职场上，PPT的应用无处不在，大到产品发布会，小到汇报工作、会议发言都需要用到PPT。PPT已经成为一种通用的职场技能，并且越来越重要，俗话说"工作累死累活，不如PPT做得好"。

为什么公司和领导会重视一个人PPT的能力？因为它从侧面反映了一个人信息搜集、提炼总结的能力。PPT的功效还在于，它就像一个容器，不仅可以容纳文字，也可以容纳表格和图片，这要比单纯的文字表达或者纯文字文档的表示更为直观形象，让观者秒懂。

很多人制作PPT时，非常关注PPT的版式、设计，这些固然很重要，但逻辑才是PPT的灵魂。没有逻辑，PPT就是图片和文字的堆积，根本就毫无说服力。

逻辑看似无形，实际上却是串联整份PPT的主线。从资料的整理，到图文的搭配，再到动态设计，都需要考虑逻辑。可以说，逻辑的目的是让PPT内容按照观众最容易理解的方式呈现。因此，PPT的制作之路，其实就是逻辑的植入过程。

>系统梳理内容

一些人不梳理内容就开始做PPT，做到一半不是发现顺序不对，就是内容多余、重复或者遗漏，不得不重新做。这就是没有梳理内容逻辑导致的结果，事先把材料、图表整理好，梳理一遍，才能避免后期返工修改。

>设计逻辑结构

内容梳理完毕后，就需要梳理出一个结构，然后根据这个结构进行制作。

一般来说，PPT的结构包括四种：

1. 总分

这是最基本的PPT结构，所有的PPT都可以设计成这种结构。比如，总讲"年度产品销售统计情况"，分讲每个季度的产品销售情况，最后总结销售情况。如图3-1。

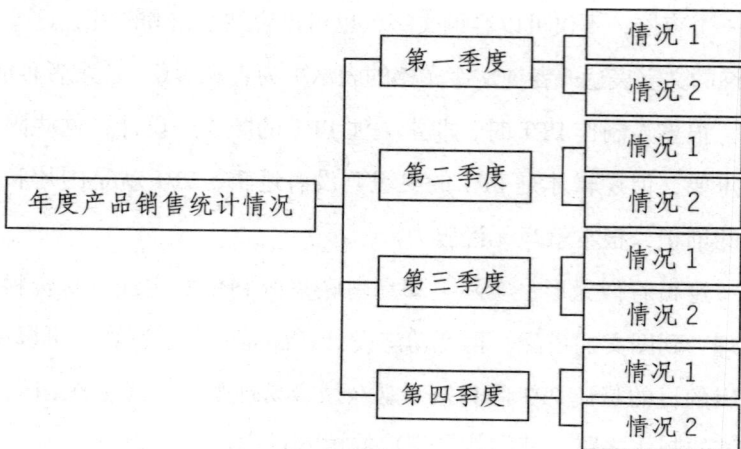

图 3-1

采用这种结构，最好是在开头把整个结构用金字塔式展示出来，让听众提前了解你准备讲的大概内容。然后，再在后面的页面中分述前面的分论。

2. 并列

总分关系中总下面的各个分点之间的关系，就是并列关系。如图 3-2。

图 3-2

整个 PPT 的内容也可以设计成并列关系，比如，你的主题是文案的写作，你设计的内容包括"让人尖叫的经典文案""文案的标题创作""文案的内容创作""文案的视觉化""文案的发布时间"。这些就属于并列关系。

3. 递进

在职场 PPT 制作当中，递进关系图表的应用频率仅次于并列关系的图表。递进关系中，后面一个分点总是前一个分点层次的延伸和加深。在 PPT 中，就自带一些还算不错的递进关系图表，如图 3-3。

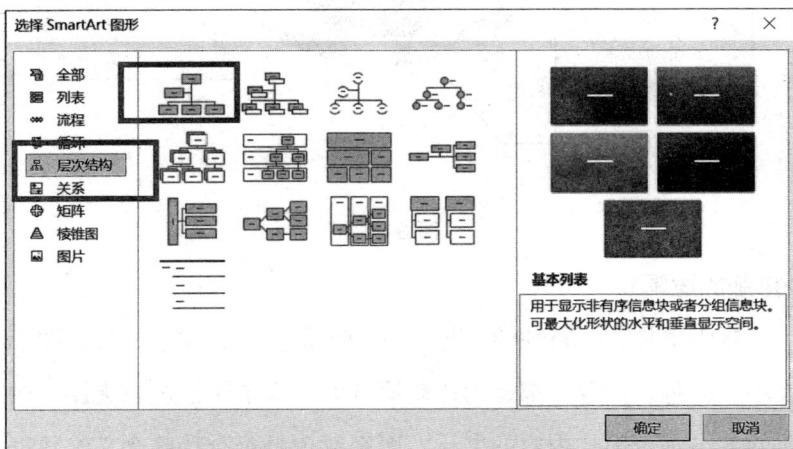

图 3-3

不过，SmartArt 图表虽然很方便增删项目数量，却不是很方便编辑文字或调整色彩。所以，一些简单的递进关系可以直接用 SmartArt 图表，除此以外还可以用通过"椭圆形对话气泡"来直接手绘图表。也可以在并列关系的图形之间，添加辅助图形，将其改造为递进关系的图表。

4. 循环

当某件事的操作具有可重复的步骤，就用循环关系。如图3-4。

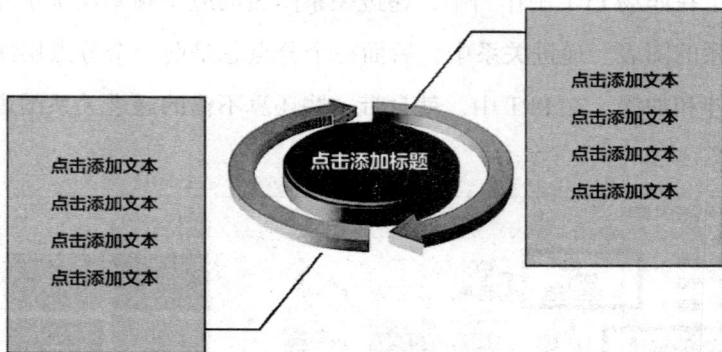

图 3-4

>排版的逻辑

排版也是有逻辑性的，每一页 PPT 的内容，文字，甚至图形大小、颜色、位置，都是为逻辑服务的。为了保证逻辑无误，图形的大小是否影响内容的展示？图案颜色是否有特殊含义？数据图是否影响观众的理解？配图的颜色是否能加深主题的表达……它们之间的关系有对比，有转折，有因果等。只有弄懂内容之间的逻辑联系，图表的摆放才能更合理，排版效果也能更美观，表达也更清晰。

第四章

找到着力点，
步步为营轻松说服

1 / 成功的说服，取决于严密的逻辑思维

说服无处不在，比如你在街上兜售鲜花，你游说一位男士买一束玫瑰送给身边的女友，他同意了。这就是说服成功。为什么能说服成功？首先是因为他有买玫瑰的需求，其次是你推动他买玫瑰，最后是你有玫瑰可以满足他的需求。相反，如果他有需求，你没能推动，自然就说服失败了。说服的整个过程，可以用图4-1来表示：

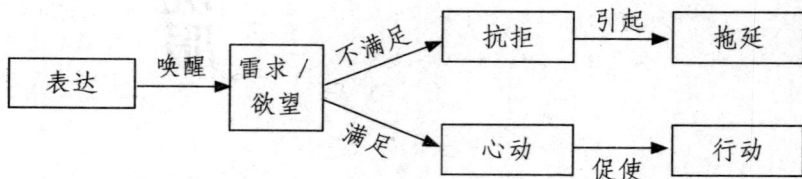

图 4-1

可见，通过表达如果能够唤醒对方的需求和欲望，让对方心动并且付出行动，就能说服成功。但是，如果你的表达不能满足对方的需求和欲望，就会引起对方的抗拒，说服失败。说服失败的原因很多，但其中很重要的一个是没有逻辑，表达混乱。

电影《拆弹专家2》火了，大牛看完后立即在微信群发消息说："《拆弹专家2》果然好看，喜欢华仔的一定要来电影院！"

然后有人问，"具体演的什么？哪里好看呢？"

他想了一会儿，回复道："拆弹啊，刘德华演的是拆弹专家，和刘青云是搭档，刘德华演的拆弹专家在一次拆弹中失去了右腿。不得不说，刘青云的演技绝对是实力派，还有扮演刘德华女朋友的女演员是我超喜欢的倪妮……"

说了一大段，连大牛自己也觉得有点乱，没有把电影的亮点说出来。

对方回了个"嗯。"就没再说话了。

大牛有点尴尬，明明很有好感的电影，怎么就表达不出来呢？

要让自己的见解更具说服力，就需要提升自己的逻辑思考力。富有逻辑的语言是要有严谨的条理性，思路清晰，无懈可击。有逻辑的语言表达可以使语言显得有组织、有条理性、缜密和无懈可击，增强话语的可信度。

生活中，需要我们说服的对象有很多，父母、恋人、朋友、领导、客户、主考官……那么，如何提高逻辑思维能力去说服对方？

>找到需求点

要说服对方，我们先要找到说服对方的核心切入点，即切中要害，才有说服力。

赵女士觉得笔记本电脑还是去实体店买比较靠谱。她一进门，就有销售人员迎上来。

"姐姐，看电脑？要什么配置的？"销售员问。

"看看。"赵女士说。

"您打算花多少钱买?"销售员又问。

"先看看再说。"赵女士回答。

销售员又问:"姐姐,您买电脑是自己用吗?"这回,赵女士终于打开了话匣子。

"给我儿子用,我儿子上初中了,很多作业要用电脑做。"赵女士说。

"您看看这台,"销售人员指着其中的一台样品说:"这是惠普的,大牌子……现在促销价,才 4230 元一台,以前卖 5000多呢,给学生用正好,物美价廉。"

赵女士显得很有兴趣,过来看了看:"会不会容易坏?我儿子大大咧咧的,用东西不太爱惜。"

"不会,这款笔记本电脑很皮实,而且,我们有三年保修,坏了上门修理。如果您在网上买,保修的服务是要付费的,我们这里免费送。"

最后,赵女士满意地下了单。

不仅仅是销售,任何场景的说服,都需要找到对方的需求点,才能打动对方的心。

>有共情力

共情是一个人能够理解另一个人的独特经历,并对此做出反应的能力。共情能够让一个人对另一个人产生同情心理,并做出利他主义的行为。

在沟通过程中，你只有将沟通的出发点放在对方关注的利益上，才能理解对方当下的顾虑，进而说服对方。

一位女出租车司机被歹徒劫持，拿刀逼着她把钱交出来。

她害怕地拿出一小叠现金，见到这位司机如此爽快，歹徒有些发愣。

女司机趁机说："你肯定是有什么急事需要钱吧，这是2000，要是不够，这点零钱你也拿去。"说着把几张零钱也拿了出来。

女司机又说："人都有个难的时候。"

歹徒仍然沉默着，但拿刀的手放了下来。

女司机又说："你家住哪儿？我送你回家吧？这么晚了，家人该等着急了。"

歹徒终于松口说："去火车站。"

最终，女司机脱险，并在火车站报了警。

女司机去换位思考歹徒抢劫肯定是遇到了困难，并且设身处地要送他回家，让歹徒内心的善念萌发，最终放下刀子。因此，说服的第二个关键就是与被说服对象之间创建共情链接，这也是能否成功说服的关键。

>反复训练

什么是反复训练？无论你是要说服别人，还是想精准表达自己的观点，想要打动人心，都需要平日勤加练习，反复训练。比如，你可以把客户常问的问题进行总结归类，然后寻找对应说服的方法。把自己想象成是对方，如果自己这样说，对方会是什么想法。一旦有不妥，应立即修改，如此反复练习，重复进行下去。经过日积月累，久而久之，你就有了随机应变说服别人的能力。

找到需求点是说服的基础，共情是为他着想，增加彼此的信任；反复练习是为融会贯通，将说服技巧发挥得淋漓尽致。一套操作下来，足以形成严密的逻辑表达，帮你成功说服对方。

2/ 读心术，戳中需求关键点

换位思考，戳中对方需求的关键点是说服的第一步，只有站在对方的角度谋划和考虑，了解对方的心理和需求，洞察对方的困难和期望，才能使说服更具效果。也就古人常说的"知己知彼方能百战不殆"。

二战时期，盟军为了提升军队士气，推出了一种保险：士兵每月缴纳 10 元的保险金，一旦在战场上牺牲，他的亲属就能够得到 10 万元的赔偿金。将军认为，保险为普通士兵免除了后顾之忧，他们一定会争相购买。但结果却不如人意，无论军官如何宣传、劝说，主动购买保险的士兵寥寥无几。

此时，一名参谋认为保险的宣传方式出现了问题，于是主动请缨去说服士兵。他说："兄弟们，你们知道保险有什么用吗？当你们不幸牺牲时，政府就会赔偿给你们家属 10 万元，但如果你们没有投保却战死沙场，那么政府只需要赔偿几千块抚恤金。你们认为政府是愿意先派只需要赔偿几千块的士兵，还是那些投保后需要赔偿 10 万元的士兵呢？"

没有士兵想第一个被派上沙场，投保无异于增加自己活命的机会。于是，士兵们争相购买。

心理学认为，一次成功的说服必定是双方达成了共识，在利益或需求方面产生了共鸣。在说服过程中，换位思考会让我们深入了解对方，言语之间更容易做到有的放矢，击中对方的要害，从而提升我们的说服力。

一些人之所以难以说服他人，关键在于表达方式存在不妥，他们习惯于将说服与说教混淆，上至家国大义，下至邻里关系，都是他们言语中的生力军。我们要知道，一方面说教容易令人产生抵触情绪，任何人都不喜欢被批评，被指责，而说教中一定会夹杂着一丝批评或指责的意味；另一方面，我们没有权力去教别人如何去做，我们能做的只是帮助别人分析当前的局势或情况，引导别人去做某些事情。因此，说服的本质就是通过话术引导别人行动，这一点对我们来说尤为重要，切不可混淆主次。说教和说服的差别主要体现在措辞上，就像"为什么不"和"为什么要"一样，前者倾向于命令，后者倾向于沟通，自然会产生不同的效果。

>将"为什么不"作为核心

以说服他人戒烟为例。问："你有吸烟的习惯吗？"答："有。"

问："你为什么不戒烟呢？"答："没想过戒烟，反正戒也戒不掉。"

问："你难道不觉得与吸烟相比，健康更重要吗？"答："我吸烟这么多年，没觉得身体有什么大问题。"

问："难道不觉得吸烟是一件令人讨厌的事吗？"答："我又不讨厌，别人讨厌和我有什么关系。"

>将"为什么要"作为核心

仍以说服他人戒烟为例。问："你有吸烟的习惯吗？"答："有。"

问："有没有想过戒烟这件事？"答："经常想，今天早上出门的时候还想过一次。"

问："为什么想要戒烟呢？"答："经常咳嗽或者干呕，咳出的痰液带着黑色的丝，触目惊心。"

问："吸烟应该对社交有帮助吧，为什么还是想要戒掉？"

答："现在不吸烟的人越来越多了，很多人都不愿和浑身烟味的人说话。"

前后两者对比，后者的说服，或者说沟通要更为流畅一些。因为前者更像是我们将一些观点强加给对方，让对方意识到吸烟的危害，而后者恰恰相反，是以被说服者为主体，通过言语引导，深度挖掘吸烟为吸烟者带来的困扰，进而达到让对方认可吸烟危害的目的。

因此，在说服他人的过程中，想要戳中别人的要害，我们就需要站在对方的立场上去考虑，我最关心的是什么，我最顾虑的是什么，我最能接受的方式是什么。只有这样才能够读懂别人，才能量体裁衣，对症下药，成功说服对方。

3 / 顺着对方的逻辑，讲明自己的道理

《人性的弱点》一书中介绍，每个人都具有强烈的自尊心和面子意识，当他的意见与周围人不相符时，如果我们采用直截了当的方式说服他，无论我们的措辞和语气多么小心，都会令他感觉自己被伤了自尊，丢了面子。此时，再有道理的话也不会被他所接纳。相反，如果我们采用以退为进的说服方式，顺着对方的逻辑或思维间接地展示自己的想法，就会得到不一样的效果。尤其当对方是位高权重、刚愎自用、桀骜不驯，或者成见颇深的人，这个方法更佳。

相传楚庄王心爱的马死掉了，楚庄王准备为它举办一场士大夫规格的葬礼。楚臣优孟听闻消息，劝道："我泱泱大国怎么只

能以士大夫的规格来埋葬这匹马呢？"

楚庄王问道："照你看来，我们应该怎么做才合理呢？"

优孟回答说："当然要以君王的标准，在出殡那天，发动全城的百姓去送葬，齐国、赵国的使臣鸣锣开道，韩国、魏国的使臣摇幡招魂，并为它建造祠堂，常年供奉。这样，天下人就知道大王将人看得轻贱，将马看得贵重。"

楚庄王意识到优孟在批评自己，于是便放弃了葬马的想法。

"楚王葬马"是一件极其荒谬的事情，朝臣内正面规劝很难取得效果，反而会因此丧命。而优孟的说服顺着楚庄王荒谬的逻辑走下去，并将对方认为合理的东西进行了极端夸大，使对方意识到自身行为的荒谬，从而达到了说服的目的，是一种以退为进、侧面迂回的说服方式。

顺着对方的逻辑也可以理解为肯定对方，以对方的思维逻辑提出自己的想法，最终达到我们想要的效果。比如，一个雷雨交加的夜晚，女生希望借这个机会和男友撒个娇，就发微信说道："外面在打雷，我好害怕啊。"男生却不懂风情地回应道："你害怕就不打雷了？你害怕有用吗？你有这么胆小吗？"

女生本来打算大骂对方直男，转念一想，不如顺着对方暗示他一下："是啊，你说的很对，害怕一点用也没有。我只是被你宠坏了，一觉得害怕就忍不住找你，想听到你的声音。"男生果然意识到女生只是想和自己通电话，语气有所好转："你早说嘛，那我就陪你聊会天。"

在说服的过程中，只要认可对方的观点，顺着对方的逻辑沟通，任何人都乐意满足我们的请求。此外，"先肯定后否定"的沟通方式与该方式有着异曲同工之妙，简单解释为"是的，但是"。比如，在沟通中经常出现的句式："我觉得你说的很对，但是……""我认同你的想法，但是……"

乍一看，这种沟通方式确实足够委婉，也容易让对方接纳。但事实上，当我们实际听到这种句式时，所有的注意力都将集中到后半句的"但是"上，似乎前文的认可或肯定只是在为后文的"但是"作铺垫罢了，用意太过明显。在一般情况下，一旦他人在沟通中提起"但是"一次，我们会立刻警觉，并将对方的肯定看作是客套，接下来的话才是此次谈话的重点。于是，抵触的情绪随之而来，之后的谈话也很可能变成无效沟通。

>认同对方的观点

"是的，而且"句式，这种沟通方式也是即兴戏剧中的一大原则，当两个不相干的人站在一个陌生的舞台上，双方没有剧本，只有杜绝否定的前提下，剧情才会进行发展。因此，当我们需要说服对方时，先顺着对方的逻辑，认同对方的观点，便于进一步的交流。

保险推销员黄先生经常采取这种沟通方式。当他明确自己推销意图后，几乎所有客户都会说："我对保险并不感兴趣。"他当即认同说："您说得很有道理，谁会对保险这种总是跟疾病和意外相关的事情感兴趣呢？而且不仅是您，我想大多数人都不会感兴趣，包括我在内。"

客户反问说："既然你对保险不感兴趣，那为什么选择这一行呢？"他回答说："虽然我们对保险都不感兴趣，但生活中的一些事情终归是我们无法预料的，保险更是一份保障，让我们在措手不及的时候有一份支撑。"客户听完之后，开始考虑他说的话。所以，他每个月的业绩都很不错。

>保护对方的面子

现实生活中，此类说服方式也多应用于职场上。社会地位越高的人，对面子的敏感度越高。过于直白或强势的说服或劝谏，往往会使领导脸上无光，威信扫地。即使一些领导胸襟开阔，被否定也难免心中会出现不快。

因此，我们在使用该方式进行说服时，一定要按照对方的逻辑或对方易于接受的逻辑去推理、演绎，必要时可进行进一步的夸张，将对方的行为最终导致的结果呈现在对方面前，将"理"讲得生动贴切，从而使人意识到其中利弊，接纳我们的观点。

此外，我们一定要注意，切勿在沟通过程中落入反唇相讥的误区，也就是说嘲笑、讽刺对方，否则将会适得其反，使说服功亏一篑。

4 / 言明利害，话语更有说服力

在说服过程中，权衡利弊得失，言明利害关系，会使我们的言辞更具说服力。尤其是对一些过于理性或利益观较强的来说，利益是最佳的驱动力，当我们将利害关键向对方阐述清楚之后，对方为了趋利避害，就更容易接受我们的说服。

东汉时期，曹操率军南下，意图消灭刘备和孙权两股势力。东吴集团分为主战、主降两派，就在孙权犹豫不定时，诸葛亮随鲁肃过江前来说服孙权共同抗曹。

虽然孙权打算迎战曹操，但不知两家联合是否能够战胜曹操。此时，诸葛亮开始细数两家的优势，"我军虽然大败于长坂坡，但残兵聚拢加上关羽的水军，刘琦的江夏驻军，有两万多人。而此次交战，以水战为主，东吴水师战力天下第一，曹操的水军一定不是对手。"

孙权依然沉默不语，诸葛亮又开始分析曹操的劣势，"一者，曹军远道而来，不惜日夜兼程，已经是强弩之末；再者，曹军将士多为北方人，不习惯水上作战；三者，荆州军民虽然投降曹操，却只是形势所逼，一旦孙刘两家联合抗曹，大战一起，荆州军势必出工不出力。"

最后，诸葛亮为孙权描绘了一幅蓝图，如果孙刘两家齐心协力共同作战，曹操必败。一旦曹军战败，孙刘两家实力肯定会大大加强，最终形成三分天下之势，具有谋取天下的资本。是俯首称臣，还是独占三分之一天下，利益得失一目了然。

人们常把"晓之以理，动之以情，许之以利"为说服他人的"三板斧"，但在实际情况中，事理和情义往往对人们没有太大的束缚力，或者说是说服力，我们无法将一个道德层面、精神层面作为改变对方想法的主要手段，因为对很多人来说，这完全是不现实的。而利益则不同，它在客观角度下所呈现的得失关系与对方息息相关，甚至可以衡量。我们所需要做的不过是将这幅利益的画卷展开给对方看而已，让对方意识到自己将要失去什么，将要得到什么，以此说服对方。

鬼谷子在《捭阖·第一》中谈到过说服他人的终极秘技和原则："故言长生、安乐、富贵、尊荣、显名、爱好、财利、得意、喜欲，为阳，曰'始'。故言死亡、忧患、贫贱、苦辱、弃损、亡利、失意、有害、刑戮、诛罚，为阴，曰'终'……言善以始其事……言恶以终其谋。"

这段话的意思就是：那些长生、安乐、富贵、尊荣、显名、爱好、财利、得意、喜欲是人们想要的，如果按照我给你出的主意走，这些都能得到。

如果你不按照我说的做，坚持你以往的想法，你会得到死亡、忧患、贫贱、苦辱、弃损、亡利、失意、有害、刑戮、诛罚。言外之意是按照我说的做，会得到好处。不按我说的做，会得到恐怖的结果。把快乐说透，把痛苦说够，对方就行动了。

使用趋利避害方法说服对方的，要遵循四个步骤：

第一步：分析对方当前的处境；

第二步：讲明己方手握的是优势还是劣势；

第三步：讲明所面临事物存在的好处或坏处；

第四步：预想结果。

按照这四个步骤，方能让对方在利益的驱使下，跟随我们的引导，达到被说服的目的。

比如，公司为员工提供旅游福利，但资金却不够所有员工参与，我们需要说服老板增加资金投入。第一步，点明困境。"老板，本来有福利是好事，但如今 10 个人只能去 8 个。"第二步，分析当前劣势。"项目的成绩是 10 个人做出来的，如果只有 8 个人去享受成果，那么，剩下的两个人内心一定会难过的，我们一直提倡的团队精神很可能会就此失去。"第三步，预想结果。"我建议节约开支，尽量不增加公司预算，让所有人都去，明年他们一定会更加团结，获得更高的成绩。"

在说服的过程中，除了分析利弊关系，一定要考虑到当前对方的需求，否则双方的沟通很难见效，说服也就无从谈起。只有洞察到说服具有可行性，并能够通过分析获得相应的依据，说服才能够有的放矢、事半功倍。

5 / 登门槛效应和门面效应

当一个人一旦拒绝别人微不足道的要求，为了避免认知心理上的不协调，或者想给别人前后一致的印象，就有可能接受另外的要求，这种现象的出现有两个维度，一是先大后小，二是先小后大。

>登门槛的先小后大

登门槛效应又称"得寸进尺效应"，是指一个人一旦接受了他人的某个微不足道的小条件，为了避免认知上的不协调，或给人保持一种前后一致的印象，就很可能接受更高一层的请求。就像登台阶一样，一步接一步，不知不觉就跨过了障碍，达到了目标。

一名记者想要采访一位十分有地位的富商，希望他针对动物保护问题发表一些看法。第一次打电话，记者说想占用他15分钟时间，对方果断拒绝了。

第二次，记者改变了策略，他说："对于打扰您的工作我十分过意不去，但是我还是非常希望您能够针对动物保护问题谈谈自己的看法，几分钟时间就可以。听说您每天下午4点左右都要去外出散步，如果可以的话，我能不能在今天下午的这个时间段去拜访您。"对方接受了这一小请求。

相较于一些具有难度的问题或请求，人们会更倾向于解决一些简单的问题，满足一些简单的要求；另一方面则是心理一致性诉求在作祟，简单来说，就是我们每个人做事都希望前后一致，只有如此才能避免产生精神上的不适。所以，一旦我们答应了对方最初的小请求，在面临后面的高程度请求时，为了保持前后一致，内心的抗拒就会变成主动说服自己去接受。登门槛效应就是在这两者的基础上应运而生的。

我们可以想象一下，在大街上，迎面走来一个小朋友，抱着一个捐款箱，请求你为残疾儿童捐一些钱，你大概率会拒绝。但是，如果换一个场景，小朋友走过来，问你能不能帮他一个忙，签一份关爱残疾儿童的倡议书，为保护残疾儿童出一份力，不必留下任何联系方式，你大概率会接受对方的请求。在签字的时候，对方一直夸赞你，"您真是一个有爱心的人，大家都像你一样就好了！"这时，小朋友提出捐款的请求，你捐款的概率会远远高于第一种场景。

英国的心理学家查尔迪尼针对此类现象进行了一次实验：在募捐之前，对其中一部分参与者提出募捐请求，并添加一句"哪怕一分钱也行"，另一组作为对照组。结果显示，实验组的捐款人数要比对照组整整多出两倍，并且所获得募款金额也较高。此外，心理学家还发现，当我们在两个请求之间给对方一点思考的时间，说服成功的概率还会提升。

因此，在人际交往中，当我们存在请别人帮忙的需求时，不妨尝试使用登门槛效应进行说服，也许会给我们带来意想不到的收获。但是，我们要注意的是，在时间维度、事情难度、思维方式等因素的影响下，登门槛效应更适用于时间周期较长或事情场面比较大的目标。

>门面效应的先大后小

门面效应是指，在请求别人帮忙时，先提出一个过分到无法让人接受的请求，再提出真正想要提出的合理请求，对方更容易接受。比如，当我们向团队的某一个成员提出了一个比较过分的要求，对方拒绝了我们，但是由于对方是我们的直属领导，迫于内心的愧疚或压力，他们更容易接受第二个较为合理的要求，在这本质上更像是某种让步，是一种"心理补偿机制"。

又或者说，我们请求他人帮我们办一件事，如果对方拒绝了我们，心里就会产生愧疚感。这样，如果当我们初次拒绝对方后，下次再向他提出请求，基于第一次拒绝产生的愧疚，同时又想证明自己不是一个拒绝帮助朋友的人，就会果断答应。

当然，无论是"登门槛效应"，还是"门面效应"，其具体实施效果，需要根据具体实施人员的素质、能力等诸多的不同而出现较大差异，甚至会截然相反。因此，说服的成败有时候并不在于方式，而在于使用者的灵活度，能够看人下菜碟儿。

对于一些难以攻克的目标，我们可以适时采用登门槛效应，循序渐进，有节奏地进行说服，直至达成我们想要的效果。但在说服过程中，我们一定要注意方式方法。

在整个说服过程中，无论与对方沟通的进度是快还是慢，我们都不可急躁，更不能在对方拒绝一两次之后，意气用事，选择放弃，使之前的努力功亏一篑。

6 / 如何利用 FAB 法则说服你的客户

FAB 分别对应 Feature、Advantage、Benefit 三个英文单词。F 即属性，应该对产品的一种客观事实的描述；A 即作用，对应为客户带来的作用；B 即益处，就是为客户带来的好处或规避的损失。

以银行人员推销信用卡为例，采用 FAB 的说服结构就是："先生，我为您推荐的这款信用卡，免息期比较长，您可以享受较长时间的免息贷款，这样一来，您就可以节约一大笔利息支出了。"其中，F 就是"免息期比较长"；A 就是"享受较长时间的免息贷款"；B 就是"可以节约一大笔利息支出"。

FAB 的说服结构具有说服力、高效的特点，一方面在于此结构下的表述格外清晰，客户易于理解；另一方面，特点、作用、利益三个层次之间的逻辑关系也十分紧密。

对于非专业人员来说，FAB 法则可能难以理解，此时，我们可以利用"因为……所以……这就意味着……"的逻辑思路去套用 FAB 法则：因为 F 这个属性，所以可以得到 A 这个功能，这就意味着它能够满足 B 这样的需求。如此一来，我们既能够通过紧密的逻辑关系进行有力表述，同时又能够暗含 FAB 三要素提升说服力。

比如，关于一款衬衫的 FAB 分析如表 4-2。

表 4-2

	F（属性）	A（作用）	B（利益）
1	网眼布织法	面料挺直，不易皱	永远跟新衣服一样，减少熨烫次数
2	十字线钉扣	扣子不易掉	结实耐穿，不怕洗
3	70% 棉，30% 锦纶	防静电，强吸水性	不刺激皮肤，透气吸汗
4	每厘米 100 针绣花	图案呈现立体	不易脱线，穿着更有品位

如果用"因为……所以……这就意味着……"的表达逻辑进行表述，就会呈现以下结果：第一种，这款衬衫因为采用了网眼布织法，所以它的面料更容易保持一种挺直的状态，不容易起皱，能够有效减少您的熨烫次数，这件衣服即使经常穿也和新衣服一样；第二种，这款衬衫采用了十字线钉扣，所以扣子很不容易掉，这就意味着它比较结实耐穿，不怕多次洗涤……

在销售过程中，FAB 三要素同时出现在产品描述中，才能让对方更容易感受到该产品为自己带来的好处，给自己的生活带来的改变。但是，很多人在使用 FAB 法则时经常进入一个误区，尤其是在销售环境的干扰下，FAB 三部分就会被引申出其他的含义，形成一种新的说服方式。

比如，将一款产品所包含的客观事实，也就是特点，解释为区别于竞争产品的特征，如："我这款水杯质量和材料比某款水杯好得多。"一旦我们在介绍产品时，立足于与竞争产品之间的比较，就容易让客户产生一定的抵触情绪，因为每一个客户都是希望通过我们的介绍来了解当前产品，而绝非与另一款产品进行比较；将产品特点所带来的作用解释为优势，如："我这款水杯保温性比平常的杯强多了。"这种说法具有夸大其词的嫌疑，也容易引起客户的反感。有时候越是侧重于通过比较突出自身产品，越容易适得其反。

那么，如果不跳脱 FAB 法则的本义，又该如何介绍产品呢？

利用前文所列举的"因为……所以……这就意味着……"的逻辑表达形式，使 FAB 三要素之间的联系更为紧密，同时不拘泥于该形式，"因为""所以""这就意味着"等字眼不必一定出现在描述中，只要我们的说服逻辑符合该表达形式即可。比如，这款衬衫的绣花十分精致，图案立体，穿着更有品位且不易脱线。

此外，我们还要注意，FAB 法则在说服或销售过程中发挥作用存在一个唯一前提，找到对方真正的需求，在销售中称为"消费痛点"。只有找到需求，才能从一件产品或一个事件的属性引申出作用，进而分析利益，完成说服。如果对方只是想要一款保暖舒适的衣服，一味在款式、潮流等方面下功夫，再怎么努力也无法打动对方的心。

因此，对于说服而言，洞察对方的真正需求是至关重要的。只有找到对方的需求，我们所利用的 FAB 法则才有着力点，才能发挥出它应有的效果。

7 / 列举实例，让对方坚信不疑

列举实例是说服过程中常用的手法之一，通过列举具有代表性、恰当的事例来解释说明所描述事物的特征或事理。一般来说，使用一些通俗易懂、贴近生活的例子对我们所说的内容加以解释，能够有效帮助对方理解。

哥伦布发现新大陆后，一些势利小人总想让他难堪。在一场为哥伦布举办的庆功宴上，有人跳出来讽刺说："听说你在大西洋彼岸发现了新大陆，但这又有什么可骄傲的呢？我觉得任何人通过航行都能像你一样达到大西洋的彼岸。这种再简单不过的小事竟然被众人如此吹捧。"

哥伦布并没有马上回应，而是从桌子上拿起一枚鸡蛋，对在场所有人说道："各位，这是一个普通的鸡蛋，有谁能够把它立在桌子上？"在座的客人纷纷尝试，但都失败了。

只见哥伦布拿起鸡蛋，轻轻地在蛋壳上敲出一个小坑，毫不费力地将鸡蛋立了起来，说道："这确实是世界上最简单的一件小事，可刚才各位确实没有做到。"

一味地"讲道理"是很多人在说服过程中经常陷入的误区。针对一件事或一个观点，很多人滔滔不绝地讲了很多，对方始终无动于衷。其实，有时候再多的专业术语，再多的解释，远没有一个事实来得更有效果。

当我们使用具体的实例来证明观点，所表达或解释的事物就会变得更为具象，便于对方理解。

1. 增强说服力。

实例具有落地性，基本上都是真实发生的事情，能够有效消除对方心中的疑虑，而"假大空"的话往往会增加忽悠、蒙骗的嫌疑，至少在对方的心目中，容易造成这种嫌疑。如果我们将道理和实例相结合，就会使我们的话变得更具说服力。

比如，村干部为了有效治理土地沙化，呼吁村民种树，但大多数村民并不看好沙化的整治，此时，列举一些新疆和内蒙古荒区治理沙化的事例，就能提高村民们的信心，让对方认识到治理的可行性。

2. 具象性

举例有助于对方理解，当我们所描述的事物过于抽象或陌生时，我们就可以使用一些与之相似的事物进行比较，为对方留下一个具体而鲜明的印象，而且事物的特征也容易从比较中显现出来。而实例是对自身观点的一种解释，能够替代主观感受的阐述，使表达的意思更为明确清晰，生动形象

比如，在介绍一间演播室的时候，为了让对方获得具体而鲜明的印象，我们需要解释说："这间演播室有五千的座位，大小面积七千平方米，比一个足球场还要大。"

通过列举典型事例可以增强说服力，但在举例过程中还需要注意以下事项：

>针对性

我们所列举的实例一定要与所说明的问题内容一致，不能似是而非，更不可张冠李戴，否则非但起不到解释的作用，还会使人一头雾水。

比如，一个人去应聘工作，老板询问他目前所具备的条件。他回答说："我的妻子瘫痪在床，家里六个孩子都十分年幼，全家就指着我挣钱呢。眼看冬天就到了，孩子们还穿着夏天的衣服，我真的很需要这份工作。"

该实例并不能为说服带来一点帮助，因为这并不是他获得这项工作的理由，他根本就没有洞察到老板的需求点，反而只是在乞求老板的同情。

>代表性

心理学上有一个"权威效应"，是指一些人十分重视那些地位高、有威信、受人敬重的人所说的话以及所做的事，并坚信他们的正确性。

>通俗性

我们所举的例子一定要保证通俗易懂，尤其是一些学术性较强的问题，能够有效说明事物的特征，使说服具有可信度。

比如，在软件开发方面，解释"IaaS""PaaS""SaaS"的区别。在专业角度上，"IaaS"是指基础设施，能够提供场外的服务器、存储、网络硬件等；"PaaS"是指平台，提供应用程序开发的环境，或者部分应用；"SaaS"是指软件，可以直接使用的软件。三者的区别简单来说，就是我们需要一个房子，"IaaS"就是一块又一块的砖，我们需要自己把房子盖起来，而"PaaS"就是预制件，人们嫌垒砖太麻烦，将墙面、楼板制作好，到了现场直接组装，"SaaS"就是直接提供了一间房子。如此一来，三者的关系就一目了然了。

8 / 引经据典，更有说服力

经典之所以称之为"经典"，是因为它成功地经受住了岁月长河的洗礼，被证明是权威的、令人信服的，其说服力毋庸置疑。因此，把经典作为论据，可以更清晰透彻地阐述观点，让表达更为严谨和有说服力。

在综艺节目《奇葩说》的舞台上，有一场节目辩题为"要不要饮下一杯消除悲伤的水"，哈佛法学女学霸詹青云谈到了著名长篇小说《西线无战事》。对于书中那些震撼的细节，她张口就来，当观众正被她的阐述所震撼，只听她话锋一转，又转到了加缪的著作《霍乱时期的爱情》，及作家阿道司·赫胥黎的长篇小说《美丽新世界》。最后，她用"那些曾经使我悲伤过的一切，也是我最热爱的一切"作为结辩语，完全顺理成章，令人心悦诚服。

在另一期辩题中，设置了一个让前任鸡飞狗跳的"按钮"，按下去，就能让他和现任的关系鸡飞狗跳，按还是不按？詹青云先是认可了失恋的痛苦，但接着扔过来一个但是，"我们不能理解你拿自己的痛苦，去为伤害别人做辩护。"她利索地抛出一个极端反驳案例，说如果伤害别人可以成为一种心理疏导，那么连环杀手大概是这个世界上心理最健康的人。

最后，她引用金庸的经典武侠小说《天龙八部》中，萧远山面对宿敌慕容博，两人相视一笑，将过往的血海深仇尽归星云尘土的故事，表达了自己的观点。她说，你选择按不按这个按钮，其实也是在选择要不要宽恕自己，在和仇人四目相对时，放过他，才是真正的大彻大悟。真正的解脱是放下，往后余生，我们只是路人。詹青云层层梳理，感染力十足。

很多时候，我们想要说服别人，往往要经历一场场激烈的争辩，而只靠自己也许难以达到目的。对方既然与你争论，自然是不怎么相信你的见解。而引自名人和名著的话，效果却不一样！只要碰到名人名言，大家都会刻意去相信，根本不需要论证。

引经据典，不仅可以简化论证过程，也可以提高论点的可信度。所以，无论是辩论，还是演讲，又或者是平日阐述观点，不妨尝试着运用一些典故来增强话语中的力量。

正确地引经据典，可以成功地让自己的语言充满魅力。当然，这需要我们在引经据典时把握准确，千万不要因为错误引用而适得其反。那么，我们在说话时该如何正确引经据典呢？

>弄清经典的出处

如果同一句名人名言，可能有许多名家都引用过，那你在引用的时候一定要追根溯源，找到这句话的原创者。或者某句名言明明是这个人说的，你却把它说成是那个人说的，那就贻笑大方了。引经据典，最忌讳的就是张冠李戴。比如，部尔卫说的"人所缺乏的不是才干而是志向，不是成功的能力而是勤劳的意志。"你就不能把它当作是爱迪生说的，否则就可能导致整个说话过程的失败。

>正确领会原文

因为同样是说一句话，原著者的意图可能是讽刺，当然也有可能乍一看上去是贬义，但仔细一品味却是褒义。如果你在引用的时候没有弄清楚原著者的本意，就随意地拿过来用，很容易歪曲原意，这对于说话目的也很不利，容易被人驳倒。因此，在引用之前，一定要仔细分析原文的意思，弄通弄懂之后才能加以引用。

>尽量引用原文

事实上，随着时代的发展，文化的变迁，经过时间的洗礼，有很多经典的话，如今已经出现了许多不同版本的说法，这就要求我们在引用时，要尽量地引用原文，不要以讹传讹，防止出错。

>适度引用

用典的高手，并不是用典多的人。

用典的高手，应该像苏轼与杜甫那样，如水中著盐而不觉。也可以像辛弃疾那样，虽然用典较多，但大多是历史上有名的故事，有助于衬托整首词的主题。

>避免太生僻的引用

其实有些人并非有学问而掉书袋，古代有很多类书，里面有不少生僻的典故，也有人偶尔看到了一个生僻的故事，便拿来放入诗中，搞得大家云里雾里。

你只需注意所引用的经典故事必须紧扣主题。另外，千万不要将引经据典变成"掉书袋大赛"。不分场合地卖弄学识，只会招致他人的厌恶之情。更不要在谈话过程中随意堆砌典故，这样会给人一种花言巧语或者咄咄逼人的感觉。

引经据典最高的境界在于恰当熨帖，与你所表达的主题相互印证、"水乳交融"。这样才能达到锦上添花的效果。这一过程中，你的魅力从内而外自如挥散，令人目眩。

第五章

关键时刻，
不慌不忙娓娓道来

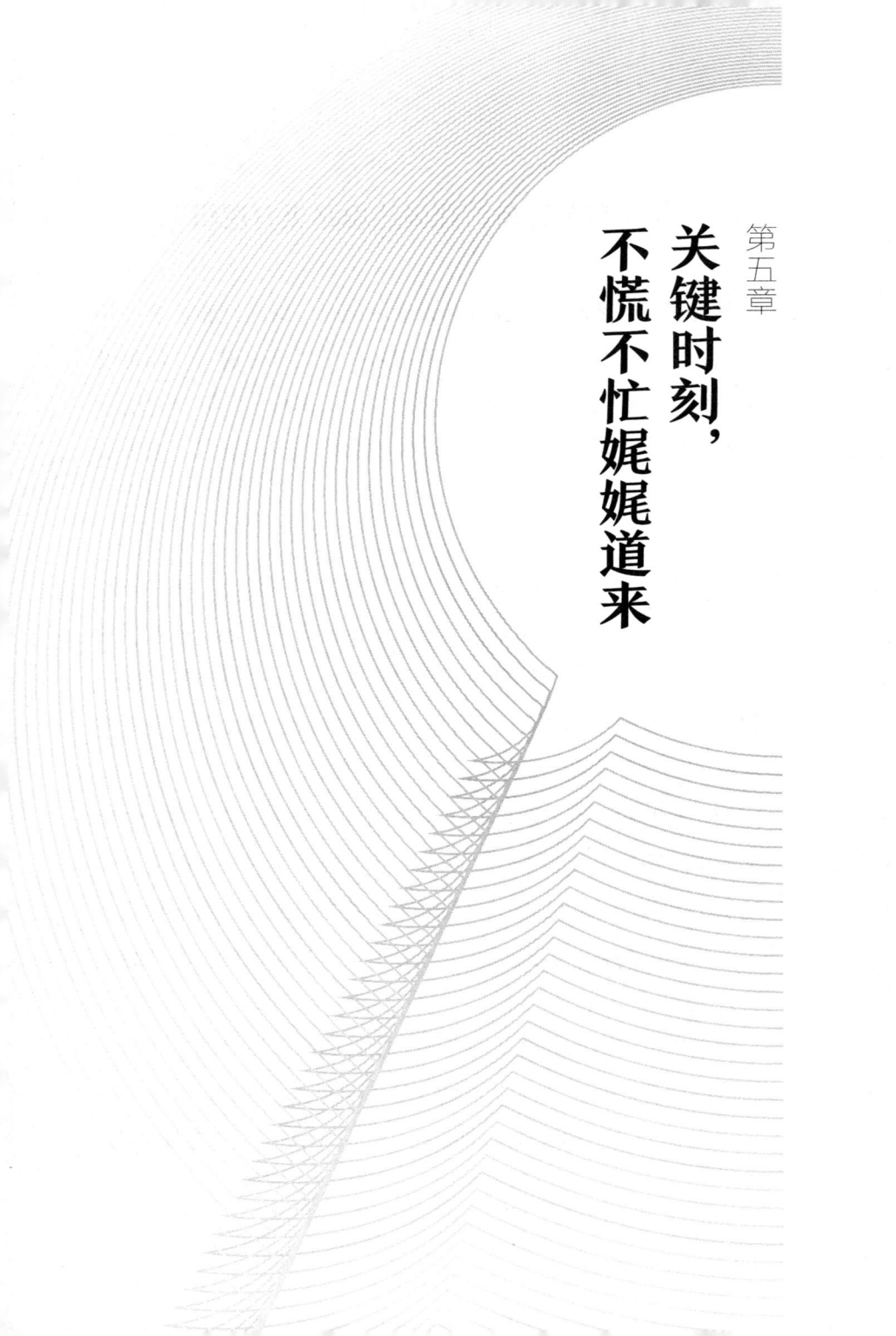

1 / 提前准备，让表达思路更有逻辑

林肯说："我相信，我若是无话可说时，就是经验再多，年龄再老，也无法免于难为情。"丹尼尔·韦伯德也说："如果没有准备就出现在听众面前，这和裸体没什么两样。"开口之前，如果没有做好充足的准备，表达难免就会陷入逻辑混乱，以失败收场。

在一场由著名的国际商业联谊社团举办的午宴上，其中一位发言者是一位显赫的政府官员。他曾承诺会讲讲自己所在部门的日常活动，这个话题对他来说自然是易如反掌，他掌握的随便一点材料都可以做一场演讲。所以，他事先并没有做准备，没有整理素材，也没有做内容编排上规划，打算做即兴演讲。

演讲开始后，他才发现脑子里装的是一盘大杂烩，讲的也是信马由缰，完全没有条理性。他继而求助口袋里的一沓由秘书代劳的便笺，但是便笺上的内容也像纸箱里摆放的杂乱无章的物品。他手忙脚乱地翻看，试图整理出一个思路，却是徒劳，他开始变得十分紧张。

他向嘉宾们道歉，要了一杯水，颤抖地握着杯子喝了几口。接着仍然是语无伦次，然后再次埋头翻弄便笺，继而道歉、喝水……

这位政府官员感觉越来越紧张，无助，他站在台上不知所措，

额头上渗出汗水，场面十分尴尬。

政府官员期待的即兴演讲变成了一场乱糟糟的尴尬剧。就像卢梭对情书的写作下的定义那样：不知从何说起，也不知言之何意。用卡耐基的话说就是："他的心中是一团混乱的东西，就像是先给我们上来一杯冰激凌，又端来一盘汤，接着上来的是鱼和水果。又像是给我们端来了汤、冰激凌以及熏鱼的杂拌。"简直是没有比这更差劲的演讲了。

没有人会不做设计就去盖房子，演讲前如果连一个基本的提纲都没有，怎么敢上台一搏呢？漫无目的地随意开始，自然只能以无疾而终收尾。

当代著名学者梁实秋说："谈话，和作文一样，有主题，有腹稿，有层次，有头尾，不可语无伦次。"无论是正式演讲，还是日常的电话沟通，在开口之前都要做好充分准备，聪明的统帅不会打无准备之仗。

董卿曾连续多年主持春晚，尽管经验丰富，每一次直播之前，她还是会将自己关在书房，一边想象观众就坐在自己面前，一边大声练习："中国中央电视台……""亲爱的观众朋友们……"她将主持词背了一遍又一遍，直到滚瓜烂熟、张口就来。

"那音量之大，估计楼上楼下的邻居都早于全国观众听到了我的串联词。"董卿开玩笑说。"这些话在我嘴巴里滚了上百遍，上台才有那个底气。"玩笑过后，董卿认真道。

无论面对谁讲话，只有做足充分的准备，才不会被恐惧和紧张的情绪左右，从而避免一次混乱的表达。不只是正式场合的表达需要做好准备，即便是平常沟通也要在开口前想一想，做好话题准备，信息筛选等。比如，在讲话之前想一想：我想要传达什么信息？然后，把你想到的要点做筛选和排布，如果不分主次先后，一股脑地把材料倒出来，那只会让听众云山雾罩，摸不着头脑。这个想一想的过程在不同的场景下过程也不同，常见的如下。

＞打电话前的信息梳理

根据说话的对象，确定你需要和对方说什么。然后把你要表达的主题记下来，列在纸上，或者记录在手机上。然后编排逻辑，先说哪一点再说哪一点。哪怕在脑子里过一遍，也能避免混乱的表达，或者无话可说导致冷场。这个方法尤其适用于那些说话颠三倒四，丢三落四，不善于表达的人。

＞微信信息发送前的编辑整理

微信已经成了最为常用的沟通工具，一些人发送信息想到哪里说哪里，结果发了一大段层次不清、逻辑混乱的文字，自己看了都不知所云。只好在最后抱歉地加一句：不好意思，有点乱。

这个毛病是可以根除的，只需要在发送前一刻停一停。把你打好的文字复制到文档里，重新进行编辑，删除多余的废话，理出一个逻辑。如果有几件事，或者多个主题，就分 123 来写，显得条理分明。

>谋篇布局设计演讲

演讲更需要谋篇布局，虽然没有一个万能设计或是模板可匹配所有题材的演讲，但仍然有一些制定提纲的规则可循。

《钻石宝地》的作者拉塞尔·康韦尔博士曾提出了一个提纲，他的很多演讲都是以此为基础而创作的。其步骤如下：

1. 陈述事实

2. 论证事实

3. 呼吁行动

很多人认为这个提纲很有用，并在这个基础上派生出了类似的步骤：

1. 提出问题

2. 解决问题或者提出举措

3. 呼吁合作或者援助

或者还可以演化为：

1. 提出观点

2. 陈述事实

3. 升华主题

不要认为自己脑子里有货，随便就能出口成章。事实正如英国哲学家赫伯特·斯宾塞说的那样："如果一个人的知识体系杂乱无序，那么他知道得越多，思维就会越混乱。"

在沟通之前做好准备，不仅能帮自己理清思路，做到心中有数，让表达更有逻辑，同时也是对别人的一种尊重。

2/ 有自信，才能慢条斯理

面对一个亟须处理的问题时，说话像打雷那样刺耳的人，大多个性急躁，不擅长处理人际关系，逻辑思维能力也不强。而说话慢条斯理的人心理则很成熟，想问题、看问题都有自己的主张和见解，不会轻易被他人说服。

如果以一个人表达自己见解或主见时情绪的激动来衡量他这些观点的正确性和可信度，那结果不难想象，交际场合与演讲台上必定成了一片"叫嚣"的海洋。

我们的目的是表达并坚持自己的想法，而不是与他人在声势上进行较量。纵然自己有着明确而自认为正确的主张，也没有必要跟别人疾言厉色大喊大嚷地理论。比起那些脸红脖子粗地高调喊话的表达方式，慢条斯理散发出的沉稳、自信、从容，更容易令人折服。

当我们被要求表达自己的主张时，有时会表现出不自信，表达出的声调忽高忽低，内容也没有逻辑，比如表述过程中出现跳跃、间断等现象，到最后没有很好地表达出自己的主见不说，甚至很可能连自己的主见也没有了。那么，我们该如何做一个有主见的人呢？

>知道的越多，说话越有分量

其实主见也可以作为知识的代名词，你可以想想你和一个孤陋寡闻不学无术之人在一起，你是不是心里有底，遇事也敢于处理？因为你懂的比他多，你有自己的主见并且敢于坚持。相反，你要是和一个学识渊博的知名学者在一起，在对同一问题发表看法时，你很可能就有心虚的感觉，甚至索性不发表什么见解了，干脆附和对方的观点。因此，知识的多寡是一个人有无主见的重要因素。

>有想法，没锋芒

有句话说得好："才能不必傲尽，留三分余地与人，留些内涵与己；锋芒不必露尽，留三分余地与人，留些深敛与己；有功不必邀尽，留三分余地与人，留些谦让与己；得理不必抢尽，留三分余地与人，留些宽和与己。"

急躁少一分，沉稳多一分，这个社会聪明与智慧集于一身的人很多，善于观察，懂得换位思考的人才叫聪明人。因此，即便我们有了一个很好的想法，但在表达的时候也要做到有条不紊、条理清晰，而不是锋芒毕露、心急火燎，这样一来反而会坏了事。

>坚持自己的原则

主见和信心是紧密相关的，自立的人要有主见，自信的人有主见，所以，坚持自己的原则，不人云亦云，不轻易接受别人的看法。

当然，每一个人的观点和想法往往是不一样的，对于自己有异议的观点，你可以提出有建设性的、表示反对的意见，在尊重他人的前提下挑战他们的意见，从而表达你的看法；如果别人的意见是正确的时候，你也要诚恳地接受。

>不要用疑问句

谈话时提出疑问，就会把主动权"转让"给听众，让听众影响到了自己的某些决定或行为，甚至会让听众拒绝你的某些要求。因此，提问时尽量用选择性问题，"逼迫"听众二选一，从而让自己的谈话更顺畅地继续下去。

>不过多解释

在论述一些问题时，你可能会进行适当的补充，用来解释自己的观点。但解释越多、信息量越大，就给听众越多的思考时间，也就增加自己被反驳或被拒绝的几率。此外，过多的解释，也是谈话人不自信的表现。坦率地表达自己的观点，并主导谈话的方向，会让听众觉得你思路清晰、准备充足且自信。

3 / 别紧张，没人在意你的尴尬

每个人在生活中都会遇见尴尬的瞬间，如演讲忘词、工做出错、衣着不当等情况，尤其是在进行逻辑性较强的表达时，因失误出糗往往会令我们变得紧张，思维出现混乱，以至于表达不清。

而实际上，除了自己，并没有人在意你的尴尬。

当我们处于一种陌生的环境下，内心难免会紧张，失误也是在所难免的，对于失误的看重会使我们愈发紧张。就像一些很少公开讲话的人，面对台下数千人，担心自己的紧张导致自己出错，于是，拼命掩饰这种紧张，结果却将自己的紧张暴露在众人眼前，口不择言。

此外，一些人在出错后，经常希望通过解释这一错误，缓解自己的尴尬，但这种做法无疑是将所有人的注意力聚焦在自己的错误上，原本被众人忽略的错误，会在不断解释中变得格外醒目。同时，强插进去的解释会打断最初的讲话节奏，如何将谈话或演讲拉回正题就成了最关键的问题。

李勇参加了学校里举办的"唐诗宋词"演讲比赛，在演讲过程中，他由于紧张误将温庭筠介绍为南宋词人，满面通红，纠正说："对不起，刚才我说错了，温庭筠应该是北宋词人。"台下的观众们发出了一阵笑声，李勇一脸尴尬，突然意识到了什么，又马上解释说："哦，不对，温庭筠是唐代词人。"台下观众哄堂大笑，他的大脑变得一片空白，不知道下面该讲什么，只得在老师的安慰下中断了演讲。

过于在意尴尬局面是表达的一个误区，相比试图缓解尴尬，不如尽快让尴尬过去。我们要明白，人往往是以自我为中心的，就是我们出现失误，他人也并不会像我们一样关注自己的失误。举一个简单的例子，当我们在观看一些演讲时，如果留意主讲人的手，就会发现他们紧张得手抖，但如果我们不仔细观察，根本不会注意这种细节。

反过来讲，即使我们在讲话时出现失误，内心变得紧张，只要我们不刻意去掩饰或消除这种紧张感，在不断表达的过程中，紧张感自然会消失，由失误导致尴尬也是如此。

在沟通中，这种原则同样适用。一旦我们在工作中出现差错时，坦荡的态度要比拼尽全力缓解自认为的尴尬要来的更为有效。比如，上交的文案遭到退回，领导在会议上表示错误太多，此时，我们只需要老老实实回应一句"对不起，确实是自己的疏忽"即可。可一些人总觉得在众目睽睽之下，如此坦然接受自己的错误不够深刻，自己当下的处境也有些尴尬，于是，他们就会对自己为什么会出现错误做出解释。本来只是一带而过的事情，偏偏又被自己拉回来重新议论，也很容易使领导感到不耐烦。

现在信息的交换速度很快，人们的关注点也在不停地转变，除非刻意为之，否则没有人会将注意力浪费在我们的错误上。同样，在生活中充斥着各种信息的大前提下，很多人连字数较多的文章都不愿读完，更何况是生活中的一些微不足道的错误。

当我们在生活中遇到了因说错话导致的尴尬局面，又该如何处理这种尴尬呢？

>心态平和

在人际交往过程中，特别是在面对上司和长辈的时候，很多人往往会因为紧张而口不择言，担心自己的窘态给对方留下不好的印象。此时，我们需要做的就是保持镇静，做到心态平和，不必预想任何难堪的结果，来面对当前的尴尬局面。

>打圆场

当我们因自身的言语或行为导致一些难堪或尴尬的场面时，可以使用一些高情商的话术来给自己打圆场。比如，故意采用误会的方式，对当前的事件加以善意的曲解，将局面向有利缓解的方向进行引导。

>大方承认

如果我们的话术水平比较低，也可以直面自己的错误，直接大方承认自己的错误，通过让对方看到我们真诚的态度，来缓解自身面对失误的尴尬，然后重新将沟通引导会正题。在因失误而尴尬的情况下，直接面对是最佳的方式。

>视而不见

如果在沟通或讲话中，我们所出现错误的点对表达主题不会产生影响，或者对整个谈话过程没有损失，我们可以直接淡化掉这种错误，直接视而不见，不做过多的解释，使对话对象的注意力停留在所讲的核心上。如果对方强调我们失误的点，我们就大方承认，继续以接下来的内容为主，不做纠缠。

其实，生活中的一些尴尬不过是我们主动将它们放大了，更多时候，根本没有人在意我们的尴尬。

4 / 面对突然提问，如何避免答非所问

答非所问的现象在日常沟通中很常见，比如，同事问你，今天星期几？你回答说今天 12 月 20 日。虽然通过具体的日期同样能够推断出结果，但这样显然没有直接回答问题。或者习惯性将自己的推断过程说出来，"我记得昨天开月底总结会了，例会一般都是周三开，今天应该是周四"，这样的回答十分啰唆，含有太多与问题无关的结论，两者都会降低了沟通的有效性。

之所以会出现答非所问的情况，是因为被提问方没有理解问题，或者对问题的理解存在偏差，一般由心不在焉、情绪紧张、思想维度不在一个层面、对方表述模糊等因素导致。尤其是在面对突然提问时，我们经常脱口而出，根本没有意识到自己回答了什么，使场面陷入尴尬。

为了避免在沟通中出现答非所问的情况，一定要准确理解对方的问题，不可凭空猜测，以免造成不必要的误会。比如，"你那车多少钱买的？""20 多万吧，熟人介绍去的""山地车这么贵吗？""嗨，我以为你在问我那汽车"……

由于前者并没有明确"车"的具体含义，而后者将其自动理解为汽车，以至于双方传递的信息是无效的，而为了避免这种情况发生，我们一定要在提问模糊的情况下确认对方的问题指向，回答一句："车，哪个车？"

此外，我们还需要正确判断对方提问的类型，做出相应最合理的回答。一般来说，他人说提出的问题基本可分为三个类型：单纯事实、主观意见、客观论证。

>单纯事实的问题

该类型问题的答案都是客观事实，比如，现在几点了？今天多少号？你一个月工资是多少？……回答此类问题，我们只需要回答问题本身即可，不必在回答中添加个人主观意见，以免出现答非所问。比如："现在几点了？""这才几点，天还没黑呢。"此类回答看似在回答提问者的问题，实际上没有一丝价值。并且，如果我们不知道问题的答案，可通过其他渠道获知，也可直接回答不知道。

>主观意见的问题

该类型的问题没有固定的答案，或者说每个人都有属于自己的答案，比如，你觉得这件衣服怎么样？你喜欢吃什么样的蛋糕？你喜欢做什么工作……一般来说，此类问题是为了获得被提问者的个人喜好，或者被提问者的肯定，在人与人之间的情感交流中，有着很大的促进作用。在回答此类问题时，只需要回答个人喜好即可，喜欢或不喜欢，但最好不要使用客观事实来回应，比如："你觉得这件衣服怎么样？""现在挺流行这种款式的。"虽然这种回答没有脱离正常回答的范畴，却会因缺少个人喜好的参与，而使对方感觉回答十分呆板，降低人与人之间情感交流的效果。

>客观论证的问题

此类问题是生活中最为常见的问题，比如，你以后打算上哪所大学？将来打算找一份什么样的工作？你觉得这两份方案哪一个更合适当前的项目？……这种问题没有固定的答案，也没有正确的答案，只能给出相对合理，或者说更适合当前情况的答案。

比如，男生在 30 岁拥有多少存款才算正常？这种问题就没有绝对的答案，每个人的生活水平是不同的，所接触的阶层也是不同的，所以问题的答案也因人而异。在这种情况下，我们就只能通过收集更多的信息，在不同答案之间权衡出最佳的结果，而且该类型问题一般会受到社会环境的影响，偏向于社会环境的回答多半容易被接受。

如果我们能够避免将这三类问题混淆，明确其核心，就可以用简单的语言来传递给对方信息。即便是回答错了，也不会影响继续沟通。

5/ 面对挑衅，冷静下来的高情商反击

我们有时会遇到一些难以应付的场面，如阴阳怪气的嘲讽、蓄谋已久的讽刺、越过底线的玩笑等。此时，如果我们选择暴跳如雷与之对骂，显得言辞粗鄙，没有修养，可如果选择一味退让，忍气吞声，反而让对方认为我们柔弱可欺。因此，面对怀有恶意

故意挑衅的人，我们可以利用高情商，"合情合理"地回敬对方，让对方自食其果。

安妮是法国著名的女作家，经常受邀参加一些世界名流举办的宴会。有一次，一位颇有名气的社交名媛看不惯一个只会写书的作家经常参加上流聚会，打算借此机会嘲讽她一番。恰巧宴会厅中，一名演员和一位诗人正在高兴地攀谈，名媛走了过去与他们搭讪，并借机嘲讽安妮说："嗨，安妮，你看你只能孤独地坐在角落里，而我却坐在'美貌'和'智慧'中间。"嘲讽她没有贵族气质，即使在男士众多的聚会中，也吸引不了任何一位的目光，而自己却能够"左拥右抱"。

安妮不以为意，微笑着回答说："虽然事实看上去确实如此，不过遗憾的是你口中的美好都不属于你，真是可惜。"言下之意，演员和诗人虽然十分优秀，但如今都已经结婚了，你口中的"美貌"和"智慧"和你又有什么关系呢？演员和诗人听到她们两人的对话，相继离去，只剩下名媛一个人尴尬地坐在那里。

当然，将对方的刁难和嘲讽回敬给对方，也要有一定的技巧，不可岔开话题去谈论别的事情，否则就失去了应有的效果。因此，当我们遇到对方咄咄逼人，故意让我们难堪时，不妨用以下几种方式回击，让对方哑口无言的同时，还能让我们赢得周围人的掌声。

>以退为进

假如对方以一个十分刁钻的问题来逼问我们，而我们处在一种无法推测的境地时，不妨假意退让，接受对方言语中对我们的设定，再将对方拉近自己的判断范围，使对方与我们处于同一设定，或者低于我们的设定当中，回过头对他进行反击。

示例一：一位主持人在采访中难为嘉宾，说道："马云曾说过一个人的能力和他的长相是成反比的，您对这句话怎么看？"言外之意，嘉宾的长相太过丑陋。嘉宾回答说："我想这句话也一直激励着您。"

示例二：73 岁的里根参加美国总统竞选，竞争对手公开嘲笑他老态龙钟，一定不会获得选举的胜利，而里根却幽默地回应说："我之所以对总统大选充满信心，就是因为我的对手太过年轻而没有经验。"

>反唇相讥

反唇相讥就是在受到言语攻击时，利用对方的攻击逻辑来进行灵活反击，解脱自身的窘境。

示例一：安徒生平常穿着随意，经常戴着一顶破帽子外出散步，一位路人嘲笑他："你脑袋上边的那个玩意是什么？能算是帽子吗？"安徒生不甘示弱，回敬说："那你帽子下边那个玩意是什么？能算是脑袋吗？"

示例二：一位作家发表了一部作品，受到了业界的好评，却也引起了同行的妒忌。在一次文学聚会中，一位同行当面嘲讽说："您的这部小说的确十分精彩，但不知道您能否透露一下，这本书究竟是谁替你写的。"作家十分镇静，回应说："您能够如此公正恰当地评价我的作品，我感到十分荣幸，并向您表示由衷的感谢，但不知您能否告诉我，这本书是谁替您读的呢？"

同行的用意十分明显，怀疑作家的创作能力。但作家针锋相对，表示你都没有认真读过我的作品，有什么资格在这里侃侃而谈。

>将问题踢给对方

如果对方所提问题的角度十分刁钻，我们无论如何回答都讨不到好处，不妨放弃正面回答，将问题再抛还给对方，用反问的方式让对方做出合理的解释。这种以"其人之道还治其人之身"的方式巧妙回应，能够充分展现我们的智慧和力量。

面对他人的挑衅，我们不必惊慌，更不必忍气吞声，合理的反击能够让对方无地自容，还会获得其他人的尊敬。

6/ 反驳，有理有据地陈述事实

在沟通中，当对方强词夺理，过于武断地指责我们时，一旦我们沉默不语，很容易陷入被动，适时的反驳有利于我们维护自身的利益，而立足于事实上的反驳会获得最佳的效果。

一般来说，人在说话时往往会受到思维习惯的影响，一些指责、辩解、争论看似无懈可击，却在逻辑上存在着致命的漏洞，如果我们能够抓住这些漏洞，并有理有据地陈述事实，就可以在沟通中占得先机，让对方哑口无言。

比如，父母说："整天就知道打游戏，以后找不到工作怎么办？"孩子反驳："谁说的，靠游戏挣钱的人多了，有的游戏主播一天就能挣十几万呢。"父母常常就会无言以对。父母的本意是想让孩子将精力放在学习上，但在论证方法上出现了逻辑错误。电竞产品的蓬勃发展让"游戏"和"失业"这两件事失去了必然的联系，两者强行联系在一起构成的指责，势必会在事实陈述之下，不攻自破。

事实陈述是反驳的一个重要武器，是指将能够证实的客观事实说出来，用以否定对方的观点。而事实是一种客观存在，并无好坏之分，只有真假之别，无论如何诡辩，都撼动不了事实的本质，就像"吸烟有害健康"一样，你即便列举出很多关于"吸烟者长寿""吸烟激发灵感"的例子，都改变不了吸烟对身体造成损伤的事实。这就是"事实胜于雄辩"。

反驳的关键在于富有逻辑性，举例、论证一针见血，不给对方继续纠缠的机会。在反驳的过程中，我们可以尝试使用以下几种技巧，使自己的反驳更具力度。

>釜底抽薪

任何结论都是建立在论据之上的，只有论据真实可靠，结论才有可能站得住脚。而釜底抽薪是指通过驳倒对方的论据，或者剖析支撑对方结论的真实原因，从根本上否定对方的观点。在使用釜底抽薪时，一定要保证自己的论据和论点存在紧密的逻辑关系，避免给对方留下有机可乘的漏洞。

示例：某地区地震后，一名算命先生来到避难区鼓动灾民："大家听我说，据我推算，最近还会出现一次更大的余震，地点仍在原来地震的范围内，大家且听我一言，我不能眼看着你们去送死啊。"

一位灾民当即反驳说："大家不要听他胡说，新闻都报道了，地震之后余震只会越来越弱，日本、中国的很多地方发生地震后，都没有出现过更大余震的先例，再者说，这位先生如此能掐会算，为何不在地震前过来拯救我们呢？"算命先生听到此话，只能灰溜溜离去。

＞顺水推舟

顺水推舟是指不直接反驳或指出对方的错误，而是采用迂回战术，假设对方的逻辑是正确的，再根据对方的逻辑进行推论，直到得出一个荒谬的结果，将对方的错误摆上台面，以子之矛攻子之盾。该方法的运用一定要注意场合，或者人际关系的远近，因为顺水推舟往往一言即可驳倒对方，势必让对方处于一种尴尬的境地。

示例：文学家蔡洪来到洛阳参加选拔，而洛阳人看不起外地人，便为难蔡洪说："官府刚刚建立不久，诸位大臣奉王命选拔人才，在百姓中寻找有才华的人，在山野中寻找德高望重的人，你是南方的读书人，又是吴楚亡国以后剩下来的人，有什么才能来参加这次选拔呢？"

蔡洪回答说："夜明珠不一定产自黄河，美玉也不一定产自昆仑山。大禹是东夷人，文王是西羌人，圣人贤士的出生地并非固定的。武王在伐纣之后，将商朝愚蠢的百姓都迁到了洛阳城中，按照您的说法，莫非诸位就是那群愚蠢人的后代吗？"

>借物喻人

借物喻人是指通过描述某种常见事物的特征，来反驳对方的观点。这种反驳方式表述颇为含蓄，旨在让对方认识到自己的错误，杀伤力较小。

示例：大夫嵇康嘲讽赵景真："你的眼睛黑白分明，十分漂亮，有大将军白起的风度，只不过眼睛太过狭小了。"言外之意，赵景真视野狭小、目光短浅。

赵景真回答说："一尺长的表尺就能审定浑天仪的度数，一寸长的竹管就能测量乐音的高低，何必在意大与小呢？你只看见识如何就行了。"赵景真用"表尺""竹管"来回应：大有大的用处，小有小的用处，并提醒对方只关注别人的见识就可以了。

想要有效反驳对方，关键在于洞察对方的论点是否荒谬，论据是否真实有效，推理过程是否符合逻辑，只要对方所表述的结论存在漏洞，我们都可以通过陈述事实达到反驳对方的目的。

7 / 难堪时，不慌不忙巧化解

每个人都会有难堪的时候，比如你正在向朋友吹牛："我翻译的一篇文章发表了，编辑对我评价很高呢。"这时，你的爱人不合时宜地说："别吹了，不就是两三段话嘛，发到公众号上，都没人看。"比如，几个朋友约着去喝酒，其中一个朋友忽然对你说："老刘，你就别去了，要不回家嫂子又该让你跪搓衣板了。"

难堪的情况时有发生，就算别人不是故意"戳你的轮胎"，你也会感到很"泄气"。如果你本来已经下不来台了，又在回应时乱了分寸，更会雪上加霜，脸面尽丢。遇到这种情况，高情商的应对方式有如下几种：

>被揭短自嘲回应

自信的人在面对非议，遭遇尴尬之时，既不怯懦逃避，长他人志气灭自己威风，也不会怒火中烧，用谩骂的方式将自己的姿态衬托得更难堪，他会用自嘲的方式博取大家一笑。

录制《朗读者》的过程中，董卿多次泪洒舞台。虽然大多数网友都表示理解和心疼，却也有一些人躲在角落里讽刺董卿"爱演""做作"。对此，董卿不以为意，她甚至在采访中主动提及这个话题，并笑着说："我最近真的很爱哭。"一句话逗笑了坐在对面的记者。

自嘲，是自我解围的最好方式。有些人害怕自暴其丑可能会让我们失去他人好感，事实上正相反。勇于暴露自己的问题，揭露自我疮疤，反而会给别人留下值得信赖的好印象。

>敏感问题打太极回应

在应对一些比较棘手，或者敏感的问题，要像打太极那样，刚柔并济、圆融变通。

著名作家谌容在访美期间，应邀到一所大学演讲。

台下有人问："听说您至今还不是中共党员，请问您对中国共产党的私人感情如何？"

谌容敏捷地说："你的情报很准确，我确实不是中国共产党党员。但是，我的丈夫是个老共产党员，而我们共同生活了几十年，尚未有离婚迹象，由此可知我同中国共产党的感情有多么深！"

谌容用偷换论题的方式巧妙地回答"对中国共产党的私人感情"问题，不仅机智得体，而且圆满缜密，无可挑剔。

>被嘲讽幽默反击

被嘲讽，我们不能坐视不理，也不能遮遮掩掩，因为"解释就是掩饰"，但更不能与人产生摩擦，人际关系处不好都是从小摩擦开始的。采取幽默的方式反击，目的不是为了让对方无语凝噎，而是可以委婉轻松地让对方认识到自己的错误。

歌德在公园里散步，当他走到一条小路上时，迎面走来了一名批评家。对方毫不相让，并嘲讽说："我绝对不会为一个蠢货让路的。"歌德笑着回答："我恰恰和您相反，先生。"说着，侧过身站到了一旁。批评家顿时满脸通红，羞愧难当。

>生气适可而止

最容易影响表达的是我们的情绪，所以，即便是生气，也要适可而止，以免影响沟通。

逛街的时候，小可和男友吵架了，她气呼呼地转身就走。走了没多远，就听男友在后面喊："喂，烤冷面，要酸辣，还是酸甜辣？"小可头也不回地说："酸甜辣！"

小可是聪明的，在男友给她一个台阶的时候，她顺势就下来了，和好如初继续甜蜜逛街。如果她选择继续生气，本来高高兴兴的逛街只会变成一肚子气收场

>别人失误给个台阶

谁都可能不小心弄出点小失误，如果不是不可原谅，都要尽量给对方留些情面，给对方一个台阶下。

苏联领导人戈尔巴乔夫带着夫人访问美国，他在闹市下车与行人握手问好，苏联的保安急忙下车，喝令在戈尔巴乔夫面前的美国人把手从口袋里拿出来，担心里面藏有武器。戈尔巴乔夫的夫人机智地说道："请你们把手拿出来跟我丈夫握握手吧。"气氛一下子变得热烈。

总之，处境尴尬时，不慌不忙才是最好的姿态。

8 / 尴尬了，幽默来化解

在纷繁复杂的生活中，幽默像是一朵永不凋谢的花，闪烁着智慧的光芒。它又像极了生活波涛中的救生圈，在我们尴尬出糗的时候助我们脱离"苦海"。恰到好处的幽默，是超高情商的体现。董卿曾多次用自己的机智幽默化解尴尬。

有一次，董卿到兴化主持节目。因为当时正在下雨，所以她只得一手拿着雨伞，一手拿着话筒信步向台前走来，边走边说："兴化的父老乡亲们，你们好！"谁料，她脚下一滑，话音和屁股几乎同时落地，全场的人都被这突如其来的情况吓了一跳。

当董卿被工作人员扶起来后，现场不少观众起哄起来。董卿不慌不忙，平静地说："这是我从事主持生涯 15 年来遇到的最恶劣的天气，我把跟头跌在了兴化，这一跤让我这辈子永远记住了兴化。"她话音刚落，现场观众热烈地鼓起来了掌。

幽默的魅力在于：直话可以曲说、正话也可以反说，通过这种曲折含蓄的表达方式反而能平复情绪，化解尴尬，活跃气氛。听众心领神会的同时不由为表达者的魅力所倾倒。

幽默与尴尬仿佛是一对"难兄难弟"，常常相伴而生。它们又像是一对"敌人"，有了幽默的存在，尴尬立时逃遁无形。具有高级幽默感的人，总能在不刺伤别人自尊心的前提下，四两拨千斤，寥寥数语便能轻易扭转"场上大局"，化解尴尬。

陷入尴尬与冷场，不妨用幽默的方式去化解。在一些被动局面中，你要么直接承认，解决困境；要么转换逻辑，依据不同的情况采取不同的方式去应对。

有时候，一个明显的问题浮出水面，大家为了避免尴尬避而不谈，谁料让场面变得更尴尬。这时候，高情商者索性直接承认，然后巧妙接话，一举打破尴尬。

比如说，几位女作家在一场读书会上与读者们分享写作经验。一名观众大声道："于老师，虽然我是冲着沈老师来的——她是我最喜欢的作家，但是你今天讲得太棒了！"现场气氛冷了下来，主持人试图遮掩话题。那位于作家却说："哥们，沈老师已经提前离开了，你别现在夸我啊，你等沈老师在现场的时候再夸我嘛！"这其实是先接受对方设定，承认问题出现，再巧妙接话。从现场观众热烈的反应便可看出，这一招极其奏效。

那么，转换逻辑的方法如何化解尴尬？有时候，你可以利用"谐音"来埋伏"笑果"。比如说，一位顾客去日本餐馆吃饭，服务员说只能点鳗鱼饭。顾客情绪失控，在店内大喊大叫："为什么只有鳗鱼饭？"服务员急中生智道："早就过了饭点，快鱼都游走了啊！"此言一出，顾客绷不住笑了场。服务员的答非所问反而歪打正着，让气氛缓和了下来。

另一些时候，若有人故意刁难你，你不愿意正面回答，不妨"巧施手段"将问题再抛给对方,以此打破尴尬局面。例如,有一次郭德纲刚刚走上舞台,节目录制还没开始,底下有位男观众大喊道:"郭德纲你胖了!"郭德纲却轻松接过话题道:"你家电视该换了。"

另外,你还可以在同一种情境中引入新逻辑,以新旧逻辑间的强烈对比来制造"笑果"。例如,一对夫妻带小朋友去看演出。小朋友调皮地扒在二楼栏杆上,工作人员在一旁劝说,那对夫妻却很不高兴。另一位工作人员见状,温和道:"家长一定要注意孩子的安全。小朋友掉下去就不好了,毕竟下面设置的是贵宾席,还得补票。"

无论是在生活中还是工作中,难免会遇到尴尬场面,一旦处理失当,既容易让自己颜面无存,也可能损伤他人面子。若能随机应变,幽默应答,所有的难题都可迎刃而解。

第六章

逻辑反驳法，让你再不怕别人刁难

1 / 以诡对诡，让对方哑口无言

诡辩是一种争辩技巧，准确地来说，是一种歪曲的论证方式。当人们在使用诡辩论述道理时，会拿出一堆所谓的"证据"，在表面上总能迷惑一些人。

一位青年在大街上随地吐痰，清洁工人去劝阻，告知对方该行为不仅违反了城市卫生管理条例，在道德上也是不文明、不卫生的习惯。青年诡辩说："你哪只眼睛看见我不讲卫生了？我穿得比你干净的多了，再者说，如果没有人扔东西，还要你们有什么用？"

青年对指责的反驳就属于诡辩，看似合理，其实存在两处逻辑错误：第一，清洁工人指责他不讲卫生，显然是以公共卫生标准评判，但他却将其歪曲为个人卫生，偷换了概念；第二，关于反驳中"没有人扔东西，清洁工就没有用"这一观点，其实是一个必要条件的假言判断，简单来说，就是青年的逻辑是以"清洁工人只清洁行人所遗弃的东西"为核心，但实际上，"没人扔东西"并不是"清洁工人失业"的必要条件，清洁工人最多的工作还是清理道路上垃圾、杂物。这种反驳方式就是诡辩技巧中的"论据虚假"，是以偷换论题或者使用虚假论据的方式进行反驳。除此之外，诡辩还有偷换概念、循环论证、以人为据等诸多技巧。

>偷换概念

偷换概念是指将一些类似的概念暗中置换，改变了概念的修饰、适用范围或所指对象。比如，两个人在街上散步，见到一群孩子在汽车疾驰的道路上玩耍，前者说道："我觉得孩子们不应该在大街上玩耍，太危险了。"后者反驳说："对，应该把他们全都关在房间里，不能让他们出来。"

前者的本意是希望孩子们远离面前的危险环境，而后者却将这一概念偷换成更为狭隘的概念："孩子们不应该在街上玩耍，所以要将他们都关起来，这样就没有危险了。"

>循环论证

循环论证是指论据本身的真实性需要靠论题来证明。比如，一个人无缘无故被打，向另一个人诉苦，对方会说："你肯定是有地方得罪他了，不然他为什么只打你而不打别人呢？"这也就是人们常说的"苍蝇不叮无缝的蛋"。但是，该观点无法进行有效论证，因为其论据没有事实可以依靠，双方以此争辩就会陷入循环论证。

比如，"那为什么无缝的蛋，苍蝇就不会叮的？""因为苍蝇不叮无缝的蛋。""凭什么苍蝇不叮无缝的蛋？""因为蛋没有缝，所以苍蝇不会叮。"

>以人为据

以人为据是指以某个人的品质来肯定或否定对方的论断。比如，某一个观点是一位权威人士所推崇的，它就是正确的；某一个观点是一个不可信的人讲的，所以观念就不可信。

当我们面对这些以荒诞的**逻辑**为核心的反驳时，一般正常的论证是很难奏效的，我们可以将对方的话作为背景，采取同样的荒诞的逻辑回答，**以诡对诡**，使对方哑口无言。历史上的"普罗塔戈拉悖论"就是一个经典的以**诡对诡**的例子。

普罗塔戈拉是一名诡辩高手，经常以一些混乱的逻辑进行诡辩，让人不知所措。他曾向一名学生传授诡辩技巧，并承诺当下不需要交纳学费，当对方毕业之后且成功赢下了第一桩诉讼案再进行交费。可这名学生始终不肯以诡辩的方式进行牟利，没有赢下过一场官司，普罗塔戈拉因此无法收取学费。于是，普罗塔戈拉将对方告上了法庭。

普罗塔戈拉的计划是，当学生在这场诉讼中获胜，那根据双方之前签订的协议，赢了诉讼就需要支付学费。如果学生败诉，根据法庭判决，对方也需要支付学费。不管哪一种结果，自己都是胜利者。但学生则认为，如果自己在诉讼中获胜，根据法庭判决，就不需要支付学费。如果自己败诉，根据之前双方签订的协议，自己不满足支付学费的条件，不需要交费。双方各执一词，争论不休。

以诡对诡的技巧有很多种，其中以"顺驳法"最具力度和效果。顺驳法就是不正面对抗对方的观点，以对方的逻辑进行推演，直到得出一个令对方难以接受的结果为止。其反驳模式为：如果对方提出了一个观念，我们将其视为"观点一"，不必反驳，而是要加以论证，提出自己的观点，视为"观点二"。假设"观点一"成立，那么"观点二"也成立，此时，"观点二"一定要让对方无法接受。

比如，一个人买了一盒雪茄，为了避免出现损失，为其上了一个火险，如果雪茄被火烧掉，保险公司就需要赔偿。但是，这个人自己将雪茄抽完了，却向保险公司索要赔偿，因为雪茄确实是被小火苗烧掉的。最重要的是，保险单上只说明了火险，并未规定火灾的范畴，保险公司只能照单赔偿。紧接着，保险公司表示，既然对方认为点烟属于小型火灾，那么，按照这个逻辑，点烟就等于故意纵火，制造小型火灾，主动烧毁投保物品，涉嫌骗保。该说辞令对方哑口无言，只得退回保险赔偿。

在使用以诡对诡的反驳方式时，我们只需要根据双方的对话内容随机应变，不必拘泥常理，做到自圆其说即可。

2/ 正话反说，委婉地点拨对方避免尴尬

正话反说，是指所表达的意思与字面完全相反，表现形式为表面肯定，意义否定，或者表面否定，意义肯定。该表达方法能

够在不点明错误的情况下，使对方意识到自己的错误，可以有效避免尴尬。

盖·里奇导演的电影《恶女漂流记》恶评如潮，引来骂声一片。他十分不解，认为一定是有人在暗箱操作，攻击自己，就亲自前往电影院进行调查。他问一些观众："你们对《恶女漂流记》有什么看法？"对方回答说："很不错啊，真的是能够想观众之所想。"他又问道："那为什么电影还没有演完，很多人就已经离场了？"

对方解释说："这是因为影片的结果，很多人都已经预料到了，导演和观众真是心有灵犀啊！"

观众表面上是夸赞导演的业务能力，实则一针见血地提出电影口碑不佳的症结所在，正话反说，令对方心领神会。

正话反说利用的就是逆向思维，也可以说是一种反逻辑，它是对一些司空见惯，或者已成定论的事物和观点进行反向思考的一种逻辑，通过让思维向既定思维的对立面发展，从而建立新的观点。

比如，两个人从烟囱里爬出来，一个人满身烟灰，另一个人干干净净，那么，谁将马上去清洗。在正常情况下，浑身脏兮兮的人应该去清洗，但是，由于衣服脏的那个人见到对方十分干净，会误以为自己像对方一样，反而相对干净的那个人会立刻选择去清洗。这就是反逻辑。

在日常沟通中，如果一些话难以启齿或者不便直说，反逻辑的说话方式就有了用武之地。正话反说可以有效化解言语的棱角，避免戳伤别人，既能含蓄表达自己的观点，又能够方便对方接受。尤其是在向别人提出建议，或者反驳对方的观点时，正话反说能够使对方在比较温和的氛围中接纳我们的信息，获得直言反驳或建议所不具备的效果。同时，正话反说极具幽默性，也是一种高情商的表现，能够有效缓解彼此的尴尬。

在综艺节目《乘风破浪的姐姐》中，评审团给其中一个选手发了一张"×"卡，"×"意味着个人表演不佳。但这位选手却表示，无论别人怎么认为，在自己眼里，"×"就是无限可能，说明自己还有很大潜力有待挖掘。她因为这一举动，被网友们戏称为"逻辑鬼才"。

显而易见，正话反说的结果更容易让人接受，与其否定别人，不如从反逻辑进行解释或说明。有一则宣传戒烟的公益广告，放弃了以往正面呼吁人们戒烟的方式，反过来列举了吸烟的四大好处：第一，节省布料。吸烟易患肺癌，导致驼背，身体猥琐，所穿衣服也会相应减少布料；第二，防贼。长期吸烟的人一般都患有气管炎，整日咳嗽不止，小偷进入房间后听闻咳嗽声以为主人未睡，就会放弃行窃；第三，防蚊虫。吸烟产生的烟雾能够驱赶蚊虫；第四，永葆青春。长期吸烟者不等年老就容易因各种疾病去世，等不到衰老的那一天。

对于劝解、反驳，反其道行之能够有效消除对方的抵触心理，在评判我们的观点时，能够避免过于强烈的主观意识，能够有效实现彼此之间的信息交流。但是，在正话反说的过程中，我们依然要注意以下三种情况。

>注意沟通对象

正话反说因其表达方式的特殊性，在日常沟通中，我们需要注意沟通对象的各种要素：第一，对方的知识水平和社会阅历是否能理解；第二，沟通对方的身份是否能接受正话反说。

由于正话反说的表面含义并不是字面上的意思，沟通对象一定要具备相应的知识水平或者社会阅历帮助其理解深层含义。一旦对方将我们所表达的意思理解为字面意思，就会造成大相径庭的效果。因此，在正话反说之前，一定要保证对方能够理解我们的反话，避免事与愿违。

比如，一个孩子在父母的朋友面前弹奏了一首钢琴曲，使周围的人皱眉不已，但由于母亲知识水平不高，对孩子能够弹奏钢琴颇感自豪，当即炫耀说："我的孩子简直是为音乐而生的，他才学习了一年钢琴，就可以弹奏的这么好。"一位客人反驳说："是啊，他弹得简直太好了，真应该让他在贝多芬面前演奏一番。"

客人表面上夸赞对方，实则暗讽琴声难听至极，贝多芬耳聋，不必受此折磨。但孩子母亲只知道贝多芬是一位著名的音乐家，就将对方的反话当作是对自己孩子的夸赞。

此外，沟通对象的身份也是需要我们注意的点，因为并不是所有人都能接受，或者都适合反语沟通。反语在一定程度上具有调侃、戏谑的含义，在面对长辈、工作领导时，正话反说往往是不当的。

>用词准确，避免歧义

我们所使用的词语存在多种不同的解释，一旦用词不准确就会导致让人出现不同的理解，理解错误就会造成不必要的麻烦，达不到反驳或建议的效果。因此，在正话反说时，一定要保证话语的准确性和贴合性，确保不会引起歧义。

3/ 针锋相对，抓住对方言语中的要害直接反驳

所谓针锋相对，就是在争辩中抓住对方言语中的要害或漏洞直接反驳，指出对方的错误或谬论，掌握争辩的主动权，促使对方陷入被动。该反驳方式适用于遭遇刁难、法庭辩护等需要直接反击的场景。

在电视剧《三国演义》中，赤壁之战结束后，鲁肃奉命拜访刘备并索要荆州。双方落座后，刘备问道："子敬此次前来还是要强索荆州？"鲁肃回答说："不是强索，而是特请刘皇叔归还荆州。"

张飞反驳说道："鲁先生真会讲笑话，我大哥又没借你的，凭什么还？"

鲁肃笑道："张将军这话说得好，好在哪里呢？好就好在他等于说如果借了，就应当归还，对吗？刘皇叔向我东吴借过东西吗？他借过东吴五万大军。昔日曹操引百万之众攻陷荆州，我江东举全国之力击溃曹操，非但寸利未得，反而耗费了兵马钱粮无数。如今皇叔独占荆州是何道理？"

　　刘备哑口无言，只得以荆州已经归还给刘琦为借口搪塞，并承诺如果刘琦去世，自己自当归还荆州。

　　针锋相对的关键在于找到对方言语中的漏洞，但在一些优秀的诡辩话术中，似乎很难在言语中被别人抓住漏洞，此时，我们就需要从逻辑中寻找对方的破绽，才能进行很好的反驳。

　　古希腊学者诺芝曾提出过一个悖论——阿喀琉斯永远都追不上乌龟。阿喀琉斯是古希腊的一位勇士，是当时公认跑得最快的人。这个问题在当时引起了很大的争议，在人们的常识中，乌龟的速度是远远比不上人类的，可诺芝却给出了自己的解释，让人难以反驳。他认为，假如我们打算追上一只乌龟，就必须要达到目前乌龟的所在地，但当我们达到它的所在地后，乌龟就又向前行走了一段路程，于是，我们又需要追赶上这段路程，以此类推，在如此反复的追逐中，我们始终无法追上乌龟。

　　即便我们都知道对方的论断是错的，但对方列举的事实又是符合常理的，那该悖论的问题究竟出在哪里？答案就是逻辑层面。

　　在正常的思考中，乌龟一直跑，阿喀琉斯一直追，所经过的路程可以被看作是无穷大，但实际上每一段路程其实是无穷小。假设我们将乌龟和阿喀琉斯所经过的路程看作是"1"，而每一段路程都属于"1"的一部分，随着"1"的不断扩大，阿喀琉斯永远无法达到"1"。简单来说，就是阿喀琉斯所走的路都是乌龟已经走过的路，自然无法追上乌龟。如果将这个"1"设为一个固定的距离，那么，阿喀琉斯可以轻松超过乌龟。

在这个过程中，我们就需要打破思考的规则，我们所关心的不是对方的论断是否正确，而是对方的思考逻辑是否存在问题。此时，面对这类悖论或诡辩，我们就可以直接指出对方的思考方式存在错误，就可直接击败对方。

针锋相对的反驳最具力度，同时也具有很强的侵略性，在反驳的过程中，除了抓住要害，我们还要注意以下三点，避免因急于反驳，使自己的反驳成为诡辩。

>分清概念

在与别人的沟通中，有时候同样一个词语，在不同的语句中，就很可能出现歧义。比如，书架上的书不是一天能够看完的。此时，"书架上的书"就很容易产生歧义，"书"是指书架上全部的书无法在一天看完，还是每一本书都无法在一天看完，如果加上一个前提，某本小说是该书架上的书，就容易得出"这本书不是在一天内可以看完的"的结论，为我们的反驳留下漏洞。因此，在反驳之前，我们一定要分清某些事物的概念，避免产生歧义。

>语句严谨

同一个名词会出现不同的属性。比如，汽车不能闯红灯。这里的"汽车"泛指所有被交通法规限制的车辆，但其中并不包括救护车、救火车、警车等。此时，这些汽车就不属于语句中"汽车"的类别，而属于特殊车辆。在表达过程中，点明这些特殊情况，使反驳变得更加严谨。

>言简意赅

针锋相对就要用最少的话达到最佳的效果。一旦在沟通中与对方陷入纠缠，就会降低反驳的力度。抓住问题的关键，一句话反驳回去才是最有效的。比如，闯红灯的问题。当被罚款的司机胡搅蛮缠时，我们可以直接解释说："救护车、警车、救护车属于特殊车辆，具有道路优先通行权；而你的汽车属于交规管制的汽车，闯红灯就属于违反交通规则，就必须受到管制。"

总的来说，针锋相对的反驳要具有强烈的针对性，反驳时气势要足，直接从气势上压倒对方，抓住要点直接反驳，让对方心服口服。

4/ 引申归谬，设假为真，让对方搬石头砸自己的脚

引申归谬，是一种以结论驳倒前提的反驳技巧。在沟通或争辩中，不直接反驳对方，指出对方的错误，而是先假设对方的论

证是正确的，根据对方的逻辑进行引申和推论，得出一个荒谬或令对方难以接受的结果，让对方意识到自己的错误。

冯玉祥将军时任陕西督军时，有两个外国人偷偷跑到终南山上打猎，并打死了两头珍贵的野牛。他们在被士兵抓获后，狡辩说："我们这次到陕西来，贵国的外交部发放的护照上明确写着允许我们私自携带猎枪。由此可见，我们行猎是已经得到贵国政府的许可的，怎么算是私自行猎呢？"

冯玉祥将军当即反驳说："允许你们携带猎枪，就是允许你们打猎了吗？倘若允许你们携带手枪，难道你们就可以在中国境内随意杀人了吗？"两个外国人哑口无言。

冯玉祥在反驳过程中使用的就是引申归谬的技巧，如果允许携带猎枪就是允许打猎，按照这种说法，如果允许携带手枪就等于允许随意杀人。这个结论明显是荒唐的。以此反向推论，私自打猎就是错误的。

对于现实生活中那些荒唐离奇的歪理，我们就可以使用引申归谬的技巧予以揭露，就正如《伊索寓言》中所说："遇到对方说得过于离题的时候，你如果想用论证来破其谬见，那么未免太郑重其事了。反驳荒唐言论常用而最有效的技法是以其人之道还治其人之身。"

引申归谬法一共有两种形式，都是以假设对方的论点正确为前提。第一种，是从对方的论点中推论出虚假的结论，再根据充分条件对假论点进行推理，从而达到否定对方的论题。

比如，唐朝的李贺年少成名，嫉妒他的人为了打击他，不让其参加进士考试，提出一个观点："李贺的父亲名叫李晋肃，'晋'与'进'同音，为了避讳，李贺不能参加进士考试。"韩愈对此进行反驳，说道："父亲名叫晋肃，儿子就不能参加进士考试，如果父亲叫仁，那是不是儿子就不能被看作人呢？"毫无疑问，按照对方的逻辑得出的观点明显是极其荒谬的。

第二种，是从对方的论点中推导出与其矛盾的结论，使对方的结论难以成立。

比如，伽利略在推翻"物质下落速度与物质重量成正比"的过程中就使用了此类归谬法。亚里士多德曾表示，一个 10 磅重的铁球和一个 1 磅重的铁球同时从高处落下，10 磅重的铁球一定会先着地，速度是 1 磅重的 10 倍。而伽利略认为，如果这个观点是正确的，那么，将两个铁球绑在一起，落得慢的铁球就会拖住落得快的，两个球下落的速度就会小于 10 磅重的球。但是，如果将两个球看作是一个整体，那么，11 磅的铁球其下落速度就应该大于 10 磅重的铁球。同一个结论却会得到两个不同结果。后来，伽利略又进行了一次公开的实验，彻底否定了亚里士多德的想法。

无论我们选择哪种归谬方式进行反驳，所引申出来的论据和论点一定要和对方的论点关系紧密，然后再进行逻辑推理。两者之间的关系是否紧密决定着引申归谬法的展开是否有力。此外，在使用引申归谬法时，我们还要注意以下三点。

>一针见血

在假设对方的逻辑成立后，我们所推导出的结论一定要足够荒谬，或令对反难以接受。切不可用一个不痛不痒的结论来反驳对方，失去引申归谬的效果。前文中所推导出的结论都超出了常理。只有这样才能达到最佳的反驳效果。

>推导合理

我们一定要保证推导过程的合理性，既要和对方的论辩有关联，有要符合逻辑的基本规律。

比如，一家人在居丧期间，偶然吃了一顿红米饭，有人对此发表议论说："家里死了人是不能吃红米饭的，因为红色代表喜色。"主人反驳说："难道吃白米饭就是家里死了人吗？"这种反驳看似合理，却违背了引申归谬的形式，他在由对方的观点引申出新的观点时，使用的是肯定后面的条件，来肯定前面的条件。简单来说，就是推论的结果是："家里死人了应该吃白米饭，不应该吃红米饭。"无法达到反驳效果。

>注意分寸

引申归谬具有强烈的讽刺、挖苦的意味，很容易让对方处于十分尴尬的境地，在使用过程中一定要把握好论辩和反驳的"度"。我们在一言驳倒对方的同时，也不可落井下石，疯狂嘲讽对方。

>5. 釜底抽薪，从论据入手，从根本上驳倒对方

釜底抽薪，是指通过指出对方论据中的虚假成分，来达到反驳对方观点的目的。论据作为论点的支撑，一旦被驳倒就意味着论点存在虚假问题。因此，在面对争论或刁难时，我们只要从论据下手，就能够在根本上驳倒对方。

美国总统林肯为一个涉嫌谋杀案的嫌疑人做辩护，他把突破口放在了原告的一个关键证人身上。林肯问证人："你是否看清了被告人当夜行凶？"证人表示肯定。

林肯继续问道："据你的证词，当时你站在草垛后面，而被告人站在大树之下，双方相距 30 米，你确定能够看清？"

证人回答说："当然，因为当时月光很亮。"

林肯又问道："你肯定自己看清了被告人的脸，而不是以身形和穿着进行推测？你肯定当时的时间是夜间 11 点吗？"

证人回答说："肯定是 11 点，因为我特意看了时间，我清楚地看到了他的脸。"

然后，林肯不慌不忙地说："我可以很负责任地说，这个人完全就是一个骗子。他十分肯定凶杀案发生在晚上 11 点，并看清了被告的脸，但是根据日期推测，凶杀案当天 11 点钟根本就没有月亮。再者，即使他提供的时间不准确，月亮并未下山，但他藏身的草垛在大树西边，这就意味着如果被告人的脸面对草垛，脸上是不可能有月光的。"

证人当即哑口无言。

在庭审中，林肯戳穿证人谎言的反驳技巧就是釜底抽薪，彻底驳倒了对方的观点。无论对方的言辞多么咄咄逼人，只要驳倒了对方的论据，就像抽走了油锅下的柴火，使对方气势全无。釜底抽薪的反驳技巧在使用过程中，可以从三个方面入手，用以驳倒对方的论据，使论点成为无源之水。

>驳倒事实论据

事实作为具有极强说服力的论据，能够为论点带来很大的支撑，而想要驳倒事实论据，我们需要洞察对方言语中的漏洞。这也就意味着只有对方的论据存在虚假、空泛、假设等情况，才能有效反驳论据，就如林肯为被告人辩护一般。可一旦对方所提供的论据极为真实，逻辑十分紧密，强行反驳事实论据就会存在狡辩的嫌疑。

>驳倒数据论据

想要推翻对方论点赖以存在的数据论据，我们所列举的数据要比对方更为精确，更具说服力，不可以模棱两可的数据反驳对方，导致双方持续纠缠，降低反驳的力度和效果。

>驳倒理论论据

理论论据的关键在于其是否具有合理性，一旦对方以荒谬的论据进行论证，我们就可以指出对方论据的不切实际来驳倒对方。

我们要注意的是，在使用釜底抽薪这一项反驳技巧时，一定要保证论据与论点之间的逻辑关系紧密。一旦论据与论点之间并没有直接或者紧密的逻辑关系，就容易让对方抓到反驳的机会，再次将我们拉进争辩当中，使我们的反驳失去效果。

6 / 借力打力，用对方的话将对方撑回去

借力打力在辩驳中泛指借用对方概念、判断、推理中的逻辑，得出一个新的结论用以反驳对方，即以子之矛攻子之盾，最常用以辩论场合中。

在一场关于"知难行易"辩论赛中，正方辩手阐述完己方观点后，反方说道："就在前天，一个男子深夜潜入邻居家盗窃，被抓获。这种知法犯法的例子比比皆是，他们是真的不懂法吗？我看不是，他们明知道抢劫、盗窃的后果，却依然选择去做，只不过是难以扼制心中的欲望或者心存侥幸。因此，很多事情往往是知道容易做起来难的。"

正方辩手当即反驳说："我方认为恰恰是他们根本没有'知'法，才会去触碰法律的底线，对犯法之后的结局没有一个清醒的认识。多少犯罪分子在锒铛入狱，甚至踏上刑场的那一刻才真正知晓法律的威力，法律的尊严，悔恨不已。这才是所谓的'知

难'啊！"

在这场辩论中，正方辩手在对方以"知法容易守法难"的实例论证"知易行难"时，利用对方的"知法不易"的推理逻辑强化了己方观点，并给予了有效的还击，彻底掌握了主动。

在这里，"借力打力"的辩驳技巧之所以能够成立，是因为双方各自定义的"知"和"行"具有很大的差别，反方对"知易"和"行难"的定义过于偏激和狭隘，而正方定义中的"知难行易"则较为宽广，并恰恰解释了对方辩词中"知易行难"在实质上仍然属于"知难行易"的范畴，使对方建立在"知""行"上的浅薄理论框架瞬间崩塌。

"借力打力"除了在辩论赛上是无往不利，在日常的沟通和交流中，也是一项非常实用的说话技巧，尤其是在遭遇对方的指责、侮辱、狡辩之后，能够不动声色地反驳对方，获得良好的效果。

>反驳指责

被他人指责是一件令人头疼的事情，尤其是无端的、包藏祸心的指责。而且，指责一般多发生在上级对下级，长辈对晚辈，基于关系的不对等，直接反驳效果不佳。一般可以通过委婉的解释，解开对方对自己的误解。

北魏时期，朝廷重臣元叉发动政变，囚禁了主政的胡太后，后兵败被赐死。南梁见北魏政局不稳，便趁机攻打北魏。崔孝芬受命挂帅出征，但由于他元叉一党的身份，被胡太后怀疑。

胡太后见到崔孝芬，指责说："你我本是姻亲，你为何当初见到元叉时，将头探进车里，建议他将我除掉？"

崔孝芬反驳说："我受朝廷的厚恩，确实没有说过这种话。即使说过，谁又能听到呢？如果有人听到了这种话，并将消息传递给您，那他和元叉的关系一定比我亲近得多。"

胡太后闻言恍然大悟，得知错怪了崔孝芬，心中愧疚不已。

崔孝芬的反驳一共有三层意思：第一，态度诚恳地表示自己并没有说过这种话；第二，对消息的可信度提出怀疑；第三，如果有人听到了自己说的话，那他的身份就可以和元叉共乘一车，关系非比寻常，暗示胡太后传话的人要么是故意造谣诽谤，要么就是认错人了。

>反驳侮辱

面对侮辱，很多人无法保持理智，经常不等对方说完就进行一些无谓的争辩，致使自己很难进行有效反驳，在针锋相对中处于劣势。而"借力打力"的重心就是利用对方的逻辑，因此，在面对侮辱时，一定要保持一个平稳的心态，才能发挥出更好的效果。

比如，林肯在成功竞选总统后，经常被参议院的人嘲笑，在就职演讲时，一位议员对林肯说道："林肯先生，你只是一个鞋匠的儿子，请你要时刻记住这一点。"

林肯平静地回答说："您的提醒让我再次想起了我的父亲，他是那样的谦虚、低调、用心，是一个出色的鞋匠，这些品质也是他教会我的。想必您也从您的父亲那里学到了很多本事吧。"

在议员为自己的出身感到骄傲和自豪时，林肯却将人的品质作为父子之间的传承，暗讽对方不懂礼貌，狂妄自大。

>反驳狡辩

面对他人的狡辩，"借力打力"能起到最佳的效果，以对方的逻辑有力地驳倒对方的观点，使对方无法抵赖。

鲁迅先生在任教期间，校长经常借各种事由克扣教学经费，在一次会议中，校长竟强行狡辩说："对于教学经费的问题，我们没有发言权，学校是有钱人办的，我们应多尊重有钱人的意见。"

鲁迅当即从衣服中掏出两个银圆，说道："看，我有钱，那我是不是就有发言权。"随后解释了教学经费的重要性，思路严密，论据充分，反驳得校长哑口无言。

真正懂得反驳的人往往能够有效避开对方的锐气，利用对方的逻辑，借力打力，使对方输得心服口服。

7 / 巧用类比：利用相似事物，攻破对方的逻辑

类比反驳法是指将对方的观点抽丝剥茧，利用一个同类逻辑、论据得到一个明显不成立的结论来反驳对方。在很多情况下，使用常规的论证或推理进行反驳和解释往往显得艰涩冗长，具有狡辩的嫌疑，而使用类比的技巧，会使反驳易于理解。

一名学生扶起马路上摔倒的老人，结果却被老人诬陷。老人的子女甚至说："如果不是你撞的，你为什么要扶？"

学生十分气愤，当即反驳说："难道双方没有关系就不应该互相帮助吗？医生和律师每天都在帮助和自己没有关系的人，难道他们做得也不对吗？"

老人子女狡辩说："救死扶伤是医生的职责，那是他们应该做的。"

学生反驳说："尊老爱幼、见义勇为是社会每一个人的责任，难道面对弱小我们不该伸出自己的援手吗？"对方哑口无言。

被撞老人子女的观点在被精简之后，就变成了"只要不存在关系的两个人，就不应该相帮"。学生将"医生和律师经常帮助陌生人"的日常现象作为类比，使对方难以反驳。我们在使用类比反驳法时，一般会从命题、论据和论点三个角度出发。

>命题比较法

在沟通中，当对方没有立竿见影的攻击目标时，往往会选择无中生有，以假命题进行攻击。如果我们单纯为证实对方命题是否正确，一般会在论据验证论点的可行性上纠缠，此时往往会正中对方下怀。如果我们使用一个与对方相似的命题进行反驳，往往能取得更好的效果。

加拿大外交官切斯特·朗宁出生于中国的襄阳，他在竞选省议员时，他的政敌就因出身问题对他进行攻击，讽刺说："他是喝中国人的奶长大的，身上一定有中国人的血统。"

切斯特·朗宁淡定反驳说："照你这样说，你们是喝牛奶长大的，身上就一定有牛的血统了。"

>论据比较法

在反驳中，对双方论据的类比往往能够一针见血地指出对方观点的错误，尤其是以数字、数量等作为论据的论点，根本不需要复杂的逻辑或推论，只需将两个关键词放在一起比较，就能够使对方哑口无言。

>论点比较法

偷换概念是论点比较法的核心，在表面是依照对方的逻辑，列举出一两件与之相似的实例，而在论点处突然拔高，避免双方继续纠缠的可能，直接让对方打消反驳的念头。

春秋战国时期，魏惠王问齐威王："齐国可有奇珍异宝？"齐威王老实回答说："没有。"

魏惠王骄傲地说自己国家有 10 颗宝珠，夜晚能照亮整整十二驾马车，暗中嘲讽齐国没有一件像样的珍宝。

齐威王笑道："其实，齐国也有珍宝，只不过与你们魏国的国宝不同。在齐国，大臣檀子镇守在南城，使楚国不敢犯我边境；大臣盼子驻守在高唐，使赵国人不敢在齐国的河中捕鱼；大臣黔夫治理徐州，引得燕国、赵国七千余人前来投奔；大臣种首维护国内治安，使全国路不拾遗、夜不闭户。这四个人就是我们齐国的国宝，他们发出的光能够照亮整个齐国，又岂是几个宝珠所能比的？"魏惠王听闻，羞愧不已。

无论是在辩论还是沟通中，论据、论点等之间的鲜明对比，对双方结论会产生很大的影响，使自己的观点更加正确，也会使对方的观点更为荒谬，从而得到最佳的反驳效果。

第七章

跳出逻辑陷阱，
表达严谨没漏洞

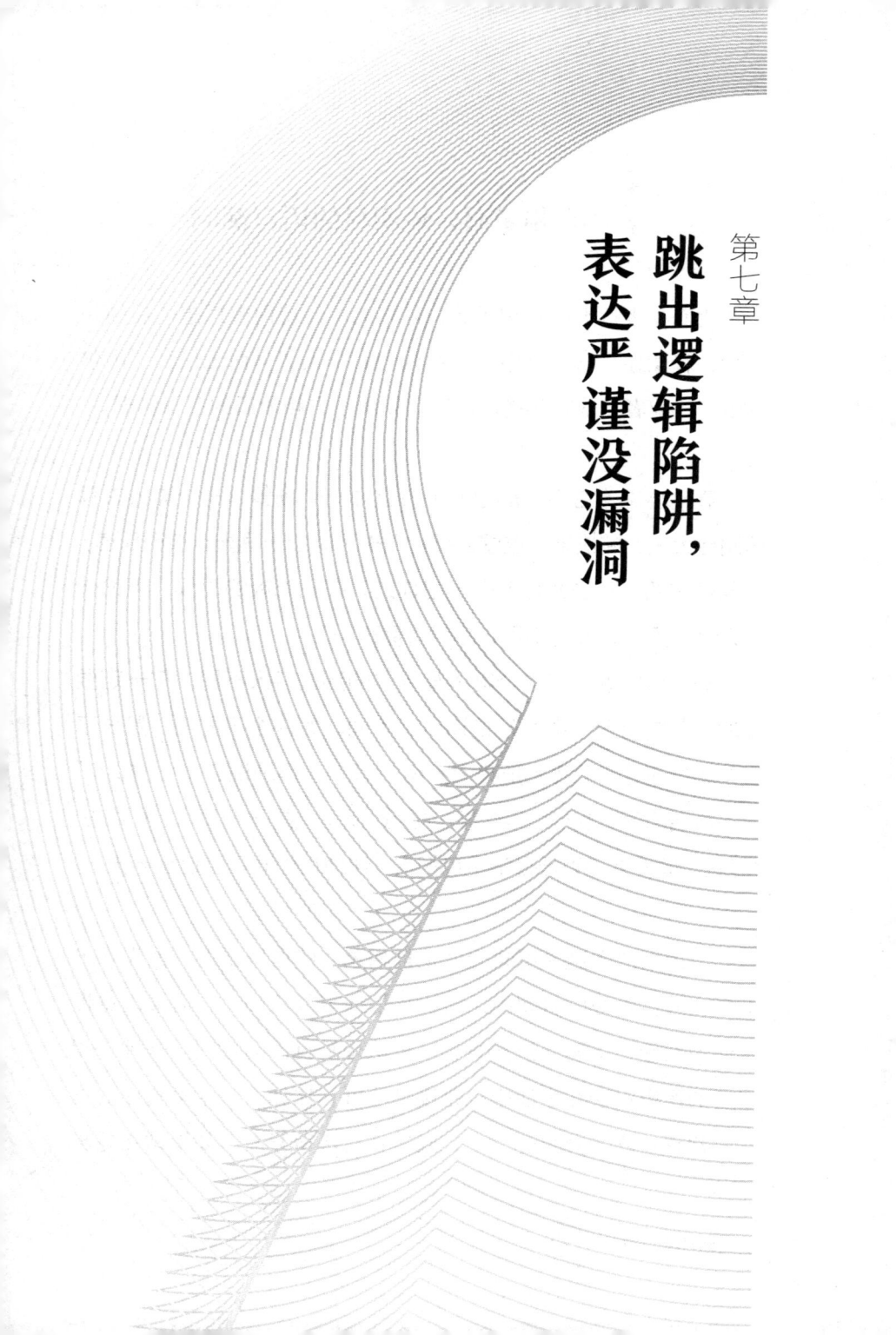

1 / 自相矛盾，最明显的语言漏洞

我们在表达上的自相矛盾，是指无法保持内容思想前后的一致性，就像在日常生活中，我们认为一个人"言而无信""出尔反尔"，或者"前言不搭后语"，就属于自相矛盾的逻辑错误。

清代小说《官场现形记》中有这样一个场景：一个洋人去拜访制台大人，捕快急忙进屋通报，却挨了制台一耳光，被训斥道："混账东西，我当初是怎么吩咐你的，在我吃饭的时候，无论什么人来拜见我，统统不见，你没听清楚吗？"

捕快解释说："这个客人与平时的那些客人不同，您一定要见的。"制台气急败坏地说道："不同，怎么个不同法，是长了三个脑袋还是六只手？那我也不见。"捕快小声地说道："是洋人。"

制台听闻"洋人"二字，怒气更盛，反手又是一个耳光，大骂道："混账，洋人来了为什么不早点报告，让他在外面等了这么半天。"

小说中的文制台所犯的就是自相矛盾的逻辑错误，他先要求下属在自己吃饭的时间内，阻拦一切前来拜访的人，后又因怠慢了洋人而怪罪下属，使下属难以正确理解自己的意图。这种自相矛盾的逻辑错误在生活中也是屡见不鲜，比如，"这家餐厅的食物我都喜欢吃，唯独这一个，我实在讨厌得紧。"如果站在逻辑角度上进行纠正，就会得出这样的表述："这家餐厅的食物我基本上都喜欢吃。"

对于大多数人而言，即使在沟通中出现自相矛盾的错误，自己也是很难察觉的，因为这种存在逻辑错误的表述可能是一种日常习惯。比如，项目经理被总经理询问最近的一项安全事故，项目经理解释说："这件事我不知道，但还是了解了一些情况……"项目经理的回答在逻辑上就存在自相矛盾的错误，他表明自己完全不知道安全事故，却又有一些了解，而这一信息就变成了沟通中的无效信息。作为项目经理来说，不清楚安全事故的始末等于撇开了责任，但毫不知情又在一定程度上意味着失职，在矛盾的思想下，就容易在表述中出现这种错误。

此外，高估自己的表达能力或对方的理解能力也会出现自相矛盾的情况。就如《官场现形记》中的制台大人一样，对"拜访客人"的定义模糊，使自己的意图无法正确传递给下属。通常情况下，不许客人打扰自己，但特殊情况除外，这种特殊情况就包括洋人、上司等一切制台得罪不起的人。于是，就出现了结局自相矛盾的一幕。

一般来说，如果我们对某一件事情无法自圆其说，那基本上就犯了自相矛盾的错误。那我们在日常生活中该如何避免这种逻辑错误呢？

>观点明确

所谓观点明确，是指我们在表述过程中所传递的信息一定要让对方正确理解，一旦出现歧义，就很容易出现自相矛盾的情况。

前面提到的"这家餐厅的食物我都喜欢吃，唯独这一个，我实在讨厌的紧。"就是一个最典型的例子。

>有主见，不做墙头草

俗话说："朝令夕改是兵家大忌。"而坚持自己的判断和决定就是保证逻辑严密的要求之一，一些人在表达某一观点后，由于外界信息的干扰或脑海的灵光一闪，很容易在之后的表达中改变自己的内容主题，甚至反复摇摆，让他人摸不着头脑。因此，对自己意见从一而终是避免自相矛盾的有效手段。

>不轻易转移话题

我们在沟通中，必须有一个贯穿整篇谈话的主题，而且只能有一个主题，随意转移话题，很容易让自己前言不搭后语，上一句是这个意思，下一句又是那个意思，让对方如坠云雾，不知道我们究竟在说什么。这种情况经常出现在我们日常的沟通中，比如，和朋友一起逛街时看到别人在买冰激凌，就和朋友说想买冰激凌，突然又感叹自己喜欢的衣服怎么没有降价。朋友听完之后，就会一时不知该如何回复。因此，在与他人沟通时，一定要围绕一个主题来讲。

其实，无论是表述习惯，还是思维过于跳跃，只要我们在日常沟通中稍加留意，就能有效避免自相矛盾的逻辑错误，使自己的表达更加清晰。

2 / 掌握事物全貌，警惕片面思维的陷阱

以偏概全是我们在表达中经常犯的一种逻辑错误，表现为只顾一点而忽视整体，结果把表达带入歧途，导致对事物做出了不合理的推断。

我们对"第一印象"都不陌生，它来自我们对某件事物的主观看法。就像一些看重外貌的人在相亲时，如果遇到长相不佳的对象，就容易给他打上负面的标签，将谦虚视为自卑，将谨慎视为多疑，总之难以逃脱第一印象的束缚。

电影《流浪者》中就出现过这样的一幕：法官在判决时只根据偷窃的表象就断定主人公为罪犯，但这个结论只是建立在主人公曾有过诸多前科的判断上，并没有真实可靠的证据来表明主人公犯下了偷盗的罪行，判决过于片面、主观。

因此，我们在表述中也应杜绝这种先入为主的思想，避免因第一印象就对某件事情下结论，保持表述逻辑的严谨才是最重要的。

关于以偏概全最典型的例子就是人们常说的"可怜之人必有可恨之处"，这句话按照其逻辑就是"所有的可怜人都有可恨的地方"，我们就会发现这句话说得太过绝对。如果是一个突遭变

故的人，他虽勤奋上进，但当下确实穷困潦倒，我们可以说他"可怜"，但能说他"可恨"吗？

那为什么我们经常会做出以偏概全的表达呢？在心理学上，它被解释为基本归因错误，是指当我们在评价他人的行为时，即使存在充分的证据支持，我们也会倾向于忽视外部因素的影响，而侧重内部因素的影响。简单来说，就是我们每个人都习惯以自己的想法看世界，也就是一种思维惰性，懒得思考那么多。就比如学生时代最为经典的选择题秘籍："三长一短选最短，三短一长选最长，参差不齐 C 无敌。以抄为主，以蒙为辅，蒙抄结合，定能及格。"这种针对选择题的答题技巧完全根据出卷老师的心情，对于大部分试卷而言，都不是次次灵验的。

此外，对细节的关注高于整体也会导致以偏概全的逻辑错误，就像盲人摸象的故事一样，摸来摸去，给出了一些柱子、墙面、蒲扇等荒谬的答案。这也就意味着我们即使重视细节，也要把握整体，否则就会陷入"一叶障目，不见泰山"的尴尬境地。

如果我们想要在表达中避免以偏概全的逻辑错误，就需要做到以下两点：

>不轻易下结论

"以偏概全"的出现在一定程度上源自缺乏深入思考，急于下结论的习惯。表面的现象不足以说明问题，事实也不足以验证什么，因为现象背后有本质，事实背后也可能有真相。

比如，著名的油画家冷军先生擅长超写实油画，一幅幅作品栩栩如生，精细到毫发之间，给人们带来很大的视觉冲击。而他的双眼却是高度近视，此时，我们一般就会认为他之所以近视，就是因为超写实画的工作对双眼持续造成损伤。但是，实际上他的近视是天生的，早在中学时期他的双眼的近视程度就已经高达500度，而正因为如此，他为了勾勒线条只能凑近画布，逐渐形成了超写实风格。

当我们以一种狭隘的视角看待问题，忽视事实背后的真相，所得出的结论必然是片面的。因此，我们在表述之前，不妨多深入思考和挖掘，切勿轻易下结论，减少一些似是而非的判断。

>站在客观角度上看问题

古语云："兼听则明，偏信则暗。"想要站在客观的角度上看待问题，我们就必须保证尽量全面地收集信息，并不被自身情绪裹挟。因为情绪是导致主观臆断的主要原因，他人的否定和指责都会激起我们的反感。当我们站在自己的视角对问题进行观察和思考后，可以尝试站在对立者的视角再进行思考，用以排除掉潜在的主观意识。此外，将自己从当前状况中抽离出来，以一个更高层次的旁观者角度审视当前事物，能带给我们更多有价值的信息，帮助我们更为客观地看待事物。

3 / 非黑即白的逻辑谬误

一个问题存在多种答案或可能性，一旦只将"是"与"否"作为仅有的选择，而忽略其他可能性的存在，就犯了非黑即白的逻辑谬论。

同乡的两个读书人一同参加科举，一人金榜题名，一人名落孙山，消息传回乡里，乡亲们议论纷纷，感慨两人的人生就此天差地别，金榜题名者的地位必定青云直上，前途无量，而名落孙山者只得一辈子与黄土做伴。然而，多年以后，前者却因贪污受贿身陷囹圄，反而后者因经商有道而富甲一方。

"知识改变命运"的人生经验固然没错，但众人的思维逻辑却陷入了非黑即白的误区，两个人的人生走向存在诸多变数，并非只是"上榜"和"落榜"两个对立面就可以涵盖的。

非黑即白的思维逻辑往往会限制我们的视角，从而漏掉很多可能性，导致我们无法确定自己所采纳的结论是否合理，这也是很多情侣在生活中经常产生矛盾的原因。比如，某一方突然觉得自己的另一半身上有很多令自己厌恶的地方，本着"爱他就是爱他的一切"的想法，就会得出"既然我并非喜欢他的一切，那我根本就不爱他"的结论。又或者对方在无意间做了一些令自己反感的事情，自己就会认为"既然他这样做，那一定就是不够爱我吧"。于是，一些不必要的争执和误会就此发生。非黑即白的逻辑谬论最恐怖的地方，就是会抹杀掉所有可能，将我们推向"是"与"否"的极端。

非黑即白的逻辑思维太过绝对，但每个人或多或少都会存在一些，这是因为我们在审视其他事物时，总是习惯性追求简单，可一味地追求这种简单，就会逐渐剥夺我们的思考能力，阻碍我们深入了解事物的本质，错过最佳的解决方案。

生活中存在各种各样的选择，但并不是所有的问题只存在"是"与"否"两个答案，如果我们能够跳出非黑即白的逻辑谬论，在面临难题时就能够做出一个令多方满意的选择。比如，一则经典的面试考题：在一个烈日炎炎的下午，你开车经过一个车站，车站中有三个人正在等公交车，一个是怀抱孩子的年轻母亲，孩子正发高烧；一个是你的上司，打算前往机场出差；一个是你苦苦追求的女同事，而你的车只能容下一名乘客，你会选择让谁上车？

无论选择载谁都有能够说服自己的理由：选择年轻母亲，是因为人命关天，孩子的病一刻也不能耽搁；选择上司，是因为此时正是自己表现、争取升职加薪的好时机；选择女同事，可以为对方留下好印象。然而，在诸多单一选择中却出现了这样一个答案：将车钥匙交给上司，请他开车先将年轻母亲送往医院，再赶去机场，自己和女同事一起等公交车。

那我们该如何避免非黑即白的逻辑误区呢？

>转变思考的方向

以自我为中心是陷入非黑即白逻辑思维的根源，我们在看电影或电视剧时，分辨好人与坏人的标准往往以自己的好恶为核心，但实际上我们眼中的坏人很多时候只不过是因立场不同，而看起来有些"坏"而已。这也是一种思维定式，就如面试考题的例子一样，每个人的视角受限于"你会载谁"，就会以"我必须开车"作为思考核心，如果我们将思考的方向转变为"我应该怎么做"，就更容易意识到他人也能够开车，我们就能从非黑即白中解放出来，从而将事情做到两全其美。

>思考更多的可能性

不要为自己的思考设限，站在他人的立场、处境、价值观上多想几个为什么，多从不同的角度看待每一个问题，就能避免绝对的思维定式束缚自己的判断力。

比如，母亲因男朋友没车没房而反对自己的恋爱，我应不应该分手？如果我们使用"如果……"的句式进行思考，就能够看见更多的可能性。例如，如果让母亲意识到男朋友未来的潜力，是否能减少母亲对自己恋爱的阻力？如果自己和男朋友一起努力赚钱，是否能让母亲接受自己当前的生活？每一种可能都对应了一种解决方式，从而为我们带来更多的可能性。

每个人都有不同的生活阅历、知识水平，面对同样的问题，所处的立场，思考的角度不同，所采取的方式甚至可能会大相径庭。但不代表一定是谁对谁错，谁是谁非。

4 / 伪两难推理，事实是还有更多可能

在恋爱过程中，最令男生头疼的问题莫过于"我和你妈同时掉进水里，你先救谁"，无论我们如何选择似乎都不妥，因为这道题没有正确的答案。这种情况在逻辑上就被称为"虚假两难"或者"伪两难推理"。

伪两难推理是一种逻辑谬论，是指提出看似涵盖所有可能性的选择，一般为两个，实则这些选择并不全面。比如，关于"人性本善"还是"人性本恶"的辩论，其实，人性存在诸多可能，不论大善小恶，抑或小善大恶，问题所纠结的善恶根本就无法准确描述一个人的本性。而在现实生活中，伪两难推理的表述往往会引发以下两种现象。

>被迫协同

《皇帝的新装》是我们耳熟能详的童话故事，两个骗子为皇帝制作了一件神奇的衣服，声称只有圣贤才能看得见，愚蠢的人是看不见的。皇帝和大臣都看不见这件衣服，但为了掩盖自己的"愚昧"，每个人都说自己能够看见这件衣服，以至于皇帝光着身体在大街上游行，洋相百出。而这就是被迫协同，是指人们在外界的某种压力下，不得不承认或选择对方所提供的某种选项。

在美国遭到恐怖袭击后，总统布什在政治宣传中说道："每个国家，每个地区，现在都必须做出一个决定，要么你支持美国政府，要么你支持恐怖分子。"可实际上民众还有没有其他选择？当然有，那就是既不支持美国政府，也不支持恐怖分子。但如此恶劣的事件被媒体大肆报道，民众群情激奋，此时，任何不偏向美国政府的言论都将视为支持恐怖分子，在这种压力之下，人们根本就没有思考第三种选择的可能。

>引导选择

我们在思考过程中一般都是趋易避难的，当面前已经出现了选项就容易放弃深入的思考，这也就导致了伪两难推理的表述更容易引导我们做出选择，即使这种选择并非我们的初衷。

比如，公司领导在员工大会上表示，市场整体的经济出现了大幅度下滑，公司必须做出选择，要么裁员，要么降薪，否则公司难以维持下去。虽然两种选择都令员工难以接受，但相对于降薪而言，被解雇要痛苦得多。于是，大部分员工在领导的引导下掉入了伪两难推理的逻辑陷阱，最后不情愿地做出了降薪的选择。

然而，事情的本质是如何解决公司效益低迷的情况，但解决问题的方式远不止裁员和降薪这两项。如果员工能看到这一点，就能提出质疑，寻找被解雇和降薪之外的第三个选择。

这也是需要我们在表达时规避的漏洞。我们给出两个选择，企图引导对方选择其一，但对方却跳出这个思维框架，做出了第三种选择。这第三个选择，可能出乎我们的意料，让我们措手不及，难以应对。

解决的方法最好是多给几个选择，防止对方认为我们在做选择性误导。当我们将问题描述得足够绝对化时，一旦我们没能考虑周全，就容易出现伪两难推理的错误。比如，这件事没有别的途径能够解决，要么这样做，要么那样做。一旦我们所提供的解决方式不是最佳方式，就容易落他人口舌，如果剔除或避免使用绝对性措辞，就能够有效避免该逻辑漏洞，比如："这件事解决起来十分困难，我给你出几个主意，比如这样，比如那样。"选择多了，就会让对方感觉你的思维严谨，考虑比较周全。

此外，如果无法判断自己是否陷入了伪两难推理的逻辑陷阱，我们可以时刻保持一个清醒的头脑，在产生怀疑的时刻，问自己一句："难道只有这两个选择吗？"

>5. 别再拿"我弱我有理"伤人伤己了

对于弱者，我们往往会给予一定程度的同情和帮助，这是人发自本心的一种善良，但一些人总是习惯打着"我弱我有理"的幌子做道德绑架的事情。

深夜，一辆载人电动车在红灯时驶入机动车道，被一辆正常行驶的出租车司机撞倒，电动车上的人受轻伤。交警赶到医院后，根据现场的监控录像，做出判定：电动车违规载人、闯红灯、违规驶入机动车道，负该事故的全部责任。

但电动车主对判决结果表示不服，反问道："那出租车呢？他毕竟撞了人啊，凭什么一点责任都不负？"交警解释说："对方属于正常行驶，并没有违规，是你闯了红灯。"

电动车主继续狡辩说："难道我挨了撞还要负责任吗？受伤的可是我，我还要给他负维修费，真是荒唐，你们不应该保护我们这些弱势群体吗？"

在一些人的固有观念中，情分和本分往往是被混淆的，他们既希望通过人的本分获得应得利益，又希望通过人与人之间的情分来降低损失，无论事情好坏，有利可图即可。

情分是对被关爱、被照顾的期待，一旦我们对情分充满太多期待时，就容易将他人对我们的包容和忍让看作是一件理所应当的事情，就像我们从小在父母亲身上所获得的一样。而相较于情分，本分二字略显冰冷，它是世界的规矩，现实的法度，是评判事情的标准，是我们自己所应承担的一种责任。但责任又意味着压力，于是，我们又本能地希望自己免受压力之苦，只坐享其好处，就像期待父母一样期待他人，可这个世界上的人不都是我们的父母。我们的期待就逐渐变成以"人情味"为核心的胁迫，直接表现就是"我弱我有理"。

归根结底，"我弱我有理"是一种不易被察觉的依赖心理，由外界长期的包容、自身的不反省演变而成，总是寄希望于他人身上，最终扭曲自己的心理。这些人会固执地认为，对方有能力、有条件，就应该心甘情愿地帮助我、迁就我。一旦遭到拒绝，就会认为对方没有责任，没有道德，甚至不够善良。

因为长期的自我封闭使他们在意识中认定自己是弱者，他们可以理直气壮地去接受，却完全不会考虑对方是否有责任和义务来迁就自己，对方该不该因他们的贫穷而毫无条件地给予馈赠。比如，公交、地铁中老人被让座的理所应当；家中幼子被偏爱的心安理得；富豪捐款少被骂"抠门"的强词夺理等。

这种"我弱我有理"的表述逻辑，也许在开始的时候还能博得同情，但次数多了，就会让人厌烦，甚至痛恨。

宋讼早年间被老板带入行，两人私交极好。公司因经营不善，好几个月没发工资了。

宋讼尝试和老板提薪水，老板愤怒地说："好，你等着，我这就给你去借。"宋讼顿时心生愧疚，认为自己的话伤害了老板。

宋讼因为实在拮据，再次询问能不能先支取一点生活费。老板气愤地说道："他们不懂事，你也不懂事，你跟我了我这么多年，难道就不能体谅一下我，我如果有钱能不给你发吗？"

宋讼虽然觉得老板说得有理，但自己也很委屈。当他想到给员工发工资是公司的本分，是经营者该负的责任，难道自己劳动不应该得到报酬吗？他变得愤怒了。

"我弱我有理"的表述，一方面是在表达自身情绪，如愤怒、埋怨，另一方面是通过攻击双方之间的情感来为对方制造内疚情绪，利用对方对彼此关系的眷恋和不舍，控制事情的走向。但是，每当我们通过这种表述逻辑达到目的时，就意味着对方的利益受损，同时，这种方式也极具破坏性，因为没有人喜欢一直遭受情感的胁迫，迟早有一天，人们会爆发，斩断彼此之间的关系连接。

对于每个人而言，想要避免"我弱我有理"的心理或表述逻辑，就一定要建立清晰的心理边界，认清情分与本分。属于自己的责任，不应该逃避，更不能将"人情味"作为达到目的的武器。

6 / 诉诸权威，专家说的就一定对吗

一些人在表达自己的观点时，为了增加说服力，往往会借助权威人士的观点，比如，某专家、某教授，这就是所谓的诉诸权威，但这些"权威人士"说的话一定就是对的吗？事实是，我们常常陷入诉诸权威的逻辑谬误。

首先，诉诸权威的逻辑谬误，并非因为权威人士的专业性不足，而是我们在表述中，将其所具备的权威性置换到了他们的专业范围之外，也就是没有对权威的论断进行充分的验证。比如，一些人盲目信任一款产品的原因是某位明星为他们代言，或者某教授赞誉了该产品。但是，明星的专业性体现在演戏和唱歌，教

授的专业性体现在教书育人，两者在对自己领域之外的产品方面的说服力与常人无异。

我们之所以经常深陷"诉诸权威"的逻辑陷阱，其中一个原因是见识浅薄。当我们受限于自身的知识、见闻，而对事物无法做出一个准确的判断时，就必然会寻求知名专业人士。因为光环作用，我们宁可相信专业人士，也不敢相信自己的内心。

另外一个原因是懒于思考。面对一件事物，尤其是新生事物，我们不愿意去深究"权威"的专业性，随大流的信任总是更容易，而且看起来更安全。

这两者在本质上都属于一种崇拜，就和追星一样，在粉丝的眼中，自己偶像的一言一行都是对的。在"诉诸权威"的人的逻辑中，凡是公众人物、行业大牛的举措必定都有其道理存在，不用加以深入推理，也不用质疑。这一心理也催生了对话语权的崇拜。

那么，我们该如何避免陷入"诉诸权威"的逻辑误区呢？主要在表述中满足以下两个条件即可。

>话题与专业的契合度

我们所诉诸的权威必须在所讨论的话题所在领域就有一定的专业性。比如，在奥运比赛期间，一位电视台主持人和一位曾经的奥运金牌得主针对赛场上的形势做讨论和预判，谁更有说服力？结果不言自明，当然是这位奥运选手了。因为在专业领域，这位主持人只是一个门外汉，我们当然更信服一个专业人士的看法。

>权威的专业性

简单来说，就是某"权威"所提供的专业解答一定要得到权威普遍的认同，或达成共识。比如，同样是在针对某个专业问题，一个教授给出的解答，和一个中科院院士团队给出的建议，谁更具说服力？显然是后者，因为一群权威的力量要远远大于个人。

其实，对于两种条件的判断就是一个自我论证的过程，当我们充分阐述该权威所依据的理由或证据时，我们所借助的权威就不仅仅是对方的名声了。如果想要得出更精准的结论，就需要更多的科学、客观的验证。

总之，对"诉诸权威"逻辑错误的警惕可以让我们对自己的言论多一些反省和反思，少一些盲从，即使仅仅思考所借助的权威是否在话题领域足够专业，就足以让我们分辨出很多事实了。

7 / 滑坡谬论：停不下来的错误推理

姐姐又考砸了，妈妈拿着她的成绩单，大声斥责："看看你这可怜的分数，我告诉你，你现在不好好学习，以后就考不上好高中，考不上好高中就考不上好大学，考不上好大学就找不到好工作，难道你想一辈子去扫大街吗？"

这其实是一种典型的滑坡谬论，当一个事件发生的时候，在不讨论当下事件的情况下，而是把讨论重心转移到了意淫出来的其他极端事件之中。因为并没有什么证据证明两个事件之间存在必然联系，所以是一种诉诸恐惧的谬误，也影响了人们讨论该事件时候的客观性。

类似话并不少见，比如你买了一辆日系车，有反对者就会说："如果你买日本货，日本公司就会盈利；如果日本公司盈利，那么日本公司就会发展壮大；如果日本公司发展壮大，那日本国力就会成为世界第一；如果日本国力成为世界第一，那么日本就会侵略中国。所以如果你买日本货，你就是在帮助日本侵略中国。"

比如，你手头紧向朋友借点零花钱，朋友不但不借，还振振有词："你今天问我借 100 块钱，明天又会跟我借 500 块，接下来就会借一千块、一万块、一百万，那我岂不要破产？"

又比如，你是肉食主义者，有人说："你吃这么多肉，会肥胖，肥胖就会得三高，三高就会得脑梗，难道你不怕死吗？"

一次没考好就得沦为一辈子扫大街？买一辆日系车，就等于帮日本侵略中国？借 100 块就能把对方借破产？好好工作几年就能出任 CEO，迎娶白富美？

我们知道，这种逻辑根本站不住脚，这只是我们的一种焦虑表现。

当认为一件可能导致较坏结果的事情会发生时，大多数人都会感到焦虑。在这种焦虑感的推动下，我们会不自觉将事情往最坏的地方去联想，紧接着又会根据这个推论出来的坏结果，进一步进行推导，得出更坏的结果。

在电视剧《虎妈猫爸》中，虎妈因为自己从小就是被父亲用激发焦虑的方法抚养大的，所以她是真心相信世界很残酷、不得第一就等于失败。导致她会为孩子的所有事情焦虑，她认为必须要早日让孩子适应现实、准备战斗，如果不这样做，孩子就无法在社会上立足。

但是她说的这些有道理吗？难道孩子一生中除了家人以外，就不会遇到任何真心的朋友？难道遇到所有的老师都不喜欢他，对他没有丝毫感情吗？难道步入社会之后，也无法与单位同事搞好关系，无法适应环境吗？显然不是，她只是将孩子未来的一种可能性，进行了无限的延伸，从而得出苛刻到几乎难以发生的结论。

滑坡谬误是一种逻辑谬论，即不合理地使用连串的因果关系，将"可能性"转化为"必然性"，以达到某种意欲之结论。使用滑坡谬误的诡辩者，往往习惯使用一长串的推理，但这些推理很多都只是概率性的，却被故意说成是必然性。从可能发生的一些事，推论出一个几乎毫无联系的结果。

滑坡谬误的问题在于，每个事件都可能导致不同的结果，但是所导致的因果强度并不一样。有些因果关系只是可能、而非必然，有些因果关系相当微弱，在有些事件之间因果关系还未知的情况下，便一路从事件一推论到事件九，并且还认为事件必定会发生，显然并不能说得通。

那么，该如何规避滑坡逻辑？

>不要想当然

很多人表达的时候，不管现实情况如何，只一味想当然。比如，在网络剧《万万没想到》中，白客饰演的王大锤有一句非常经典的台词："只要我再工作几年，我就会升职加薪，当上总经理，出任 CEO，迎娶白富美，走上人生巅峰，想想还有点小激动。"一个喜欢幻想的人，将一切都想得那么顺理成章，将所有的事情都想成必然。

言必有据，从实际出发，表达才能更客观，更严谨。

>不要放大可能性

从概率学上说，所有可能都有机会发生，也有机会不会发生。一些人就抓住了前半句，无限放大发生的可能性，却忽略了后半句。既然是1:1的概率，为什么只关注发生的可能，而忽略不发生的可能。

>不要太悲观

特别悲观的人总是容易关注一件事的负面，很容易把一个小小的问题放大，然后得出一个非常严重的结论。就像"如果你不好好学习，以后就要扫大街。"就是典型的悲观主义者在给自己制造恐慌。只要认真想一下，就会发现这个逻辑充满漏洞。因为促使一个人成功的要素，除了分数，还有很多。

凡事都有两面性，多往好处想，多个维度看事情，避免表达时过于极端。

8/诉诸特例：别再用个例为自己开脱

某大学生大二要退学创业，父亲阻止他，他则说："看到机会就要抓住，乔布斯和比尔·盖茨不都是中途退学创业的吗？"通过举具体的事例加以论证，因为例子往往比通过讲道理的方式更为通俗，又因为案例确实存在，会让对方无法反驳。

这种用个例来证明自己论点的现象非常普遍，比如，你说打游戏耽误学业，他说："某某靠打游戏，年入百万。""某某打游戏还破了吉尼斯纪录呢。"

再比如，你说不上学没出息，他说"某某大佬小学毕业没毕业！"

……

看上去人们列举了很多事实似乎也有理有据，却会引来无休止的争吵。其实，这是典型的"个例思维"谬误。"个例"和"整体"有什么区别？打个比方，老师鼓励一个孩子的时候往往会说："你一定要好好学习，争取以后能考到全校第一"。这就是一个个例，没有什么不对的。可是假如这位老师对全班同学都说："你们一定都要好好学习，争取以后能考到全校第一"。这样说就非常不合适了。

这就好比一群蚂蚁想要知道大象到底是长什么样子时，有的蚂蚁爬到大象的鼻子上面时会认为大象的形状就像一个长长的管子，有的蚂蚁爬到大象的腿上面时会认为大象的形状就像一个巨大的柱子，如果还有蚂蚁爬到大象的耳朵上时会认为大象的形状就像一片大大的扇子。可见，这些蚂蚁们每个个体都会得到各自的结论，而它们每个个体所认为的大象真正的样子其实都是错误的。对于这些蚂蚁而言，谁也无法证明谁是正确的，因为它们每次的观察仅仅是一个个例而已，并不能得出一个真正的结论。

所以，在我们分析一件事情时，如果仅仅凭借一两件案例就盲目地说出"乔布斯和比尔·盖茨都是中途退学才成功的"这样的结论，就非常容易做出错误的选择，因为这实际上就属于以偏概全，这样用片面的观点看待整体问题是不正确的，并没有对整件事情做到整体把控和全面分析，结论自然也就不会有任何意义。

其实在心理学中，这样用"乔布斯和比尔·盖茨"这样的个例来观察整体的心理叫作"晕轮效应"，指的就是一个人对事物的某个特征形成好或坏的印象之后，就倾向于根据这个印象来推论事物其他方面的特征。这样的心理在看待事物时就容易将一件小事看作光环，慢慢地向周围弥漫和扩散，从而掩盖了事物真正的品质和特点，这样得到的结论也仅仅是一个片面的主观印象而已。

那么，为什么很多人喜欢用"乔布斯和比尔·盖茨退学了所以才能成功"这样的个例来看待整体呢？我们在观察一个客观事物时，往往都是对这个对象的个别属性或部分进行感知的。由于感知整体性的作用，也就会让这一部分人"窥一斑而见全豹"，并没有逐一地甄别每个个体的情况就得出了结论。所以，这样带有倾向性地将不同的人都化为一类人，从而对整体产生了偏见，我们不应该这样用个例的行为去看待整体的表现。

我们既然已经知道了以个例看待整体是错误的方法，那么应该如何避免"乔布斯和比尔·盖茨中途退学才成功的"这样的错误思维呢？

>不要过早做出评价

在看待一个新鲜事物的时候，我们先不要过早地做出评价，要尽可能多地去了解事物的情况，如果是与人交往的话就需要我们多去和对方交流和互动，加深相互的了解。

>全面了解事物

我们要确认到自己是否已经全面地了解事物，就像上文中的蚂蚁如果想要观察大象，那么就应该花一天时间全面地去观察，不要在还没有爬遍大象全身的时候就认为已经了解透彻了。

>不急于下结论

在没有做足够的调查时，不要急于发言。在得出结论前，一定要做足够多的功课，仔细观察、寻找可靠的资料、研究分析等。比方，你想说"读书无用"，那么可以了解一下相关的调查中每年中途退学的孩子和他们日后成功的概率。不要仅仅因为乔布斯和盖茨的成功就误认为"读书是无用的"，这样很容易误导自己做出错误的选择。

总之，"个例"的价值在于颠覆人的认知，让人认识到山外有山。但是我们不能用"个例"来作为对某一类事物的总结性概论。

第八章

升级大脑，提升表达逻辑力

1 / 提高写作中的逻辑思维能力

一篇逻辑严密的文章，一定主题明确，条理清晰，给人的感觉是清爽舒适。文章的逻辑结构通常有总分式、并列式、分论点列述式、递进式、对照式等。结构就像是文章的"骨架"，是谋篇布局的手段。

在常见的文体中，如记叙文和说明文，写作的逻辑感，无非是顺序和类别。顺序包括时间顺序、空间顺序和认知顺序。类别更容易理解，蔬菜是一类，水果是一类，人物是一类。一类放在一起，写完一类，再写下一类。

顺序和类别是符合大脑认知的，所以才觉得有逻辑感。就如同你进入一个环境，东看看西看看，得到的信息都是杂乱无章的。如果你按照一定的顺序来看，比如从里到外，从上到下，效果就不一样了。

再比如写一篇游记，可以按照时间顺序，也可以按照路线顺序来描写。如果按时间顺序写，就描写不同时间点的不同景象。如果按照路线逻辑来写，就顺着游览的顺序，先看什么后看什么描写即可。

所谓写作的逻辑顺序，简单说就是作者在进行写作构思时的思维，想表达什么？如何表达？也就是说，写作只是逻辑思维的一个场景，能进行理性逻辑性思考的人，写出来的东西也必定通俗易懂，有条有理。那么，如何提高写作中的逻辑思维能力？除了人们通常说的提纲法、思维导图法，还要在平时培养一些思考的习惯，在写作时运用于其中。

>培养结论先知的思维习惯

一件事目的明确，做起来就更容易达到。写作时候，有明确的结论，更容易组织材料，不跑题。有时候，结论很容易得到，但有的时候则需要思考后才能明确。比如"雾霾天不要户外运动"的结论是明确的，而"年底了，要不要跳槽"的结论则是不确定的。

结论明确后，重要的就是寻找材料进行佐证。结论不明确的时候，就要对这个主题进行分析，探究各种可能性，让不同的观点都明朗起来。

>培养找证据的思维习惯

思考时，不论持有何观点，都应给不同的观点找证据，以避免自己陷入片面思维。是不是逻辑思考的结果，其实靠的就是证据是否充分和充足。如果证据不充分，那就不是成熟的观点，或者只是自己的主观判断，没有什么说服力。

因此，锻炼自己的逻辑思维，就可以从为观点寻找理由和证据开始。这个观点可能是自己的，也可能是别人的。当有了给观点添加证据的习惯，思维就会逐渐变得理性。

>培养 SCQOR 的思维习惯

SCQOR 是《麦肯锡教我的写作武器》中提到的一个模型，如

图 8-1 所示：

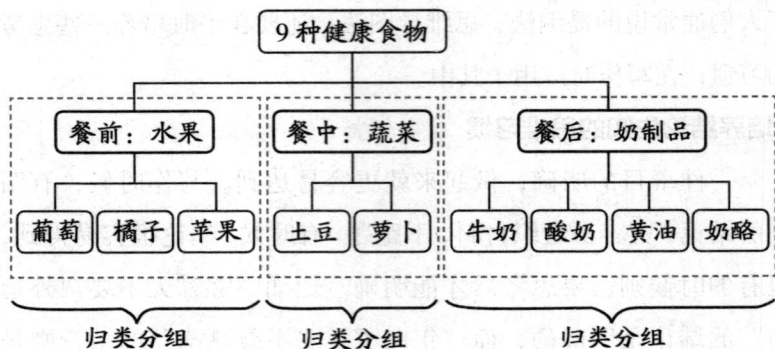

图 8-1

这个模型可以作为一种思维方式运用在写作中，尤其是在写故事时用，效果非常好。

S——C——Q——O——R 作为思考故事的流程，分别代表故事的 5 个要点。

S：先介绍当前的背景与主角，一般是处于稳定状态。

C：稳定和平衡被打破，遇见复杂的问题，或者遭遇危机、挑战。

Q：确定对主角来说，需要解决的重要的问题是什么。

O：描绘如何克服困难和障碍。

R：收尾，问题被解决，困难被克服。

在平时生活中，我们可以训练自己的这种讲故事思维，从故事的平静被打破，进入转折、起伏，到思考解决方案，再到实施行动。一连贯的进程，会让大脑的逻辑思维得以提升。

>培养自问自答的思维习惯

自问自答的过程其实就是一个思考的过程，这个过程也是提高逻辑思维的过程。毕竟，自问自答不只需要动脑子想问题，还需要动手去查找资料，思考如何删选材料和使用材料。这个动脑的过程，对思维力的提高有很大帮助。

当然，无论哪一种方式，都要勤于练习，并且真正运用到写作中。所有的文章，无论短篇还是长篇，都是结构化思维的产物。训练自己的逻辑思维，自然有助于逻辑思维能力的提高。

2/ 提升逻辑推理能力的思考方式

推理是一种思考方式，本质上是依据一些已知的信息来推断出未知的信息。逻辑推理能力强的人常常能通过观察、分析、推理，准确有条理地表达自己的思维过程，在短时间内做出正确的判断。

举个例子来看，第一个场景：老板要求你把不同的文件分别收在不同的柜子里。第二种场景：出门的时候，你的钥匙找不到了，然后你开始思考昨天进门时你有可能把钥匙放在哪里。这两个场景的思维活动是不同的，第一种是分类，第二种就叫推理。

这两个场景的本质区别是已知信息多少的不同。第一个场景里的已知信息较多，第二个场景里的未知信息较多。逻辑推理的目的就是从已知的信息来推导出那些未知的信息。

普通人对于事物很少有目的地去思考，通常都是看一眼就过去了，不会在脑子里形成深刻的印象。只有对事物有目的地进行思考，才能在司空见惯的事物中发现真理，辨识出事物的本质。

比如，观察力强的人能从对方细微的肢体动作中发现很多蛛丝马迹，比如，为了掩饰慌乱而故作镇静，在熟人面前强压着怒火摆出笑脸，或者刻意躲避与他人交流，目光躲闪等。

超强的推理能力依赖的不只是细致入微的观察，还有丰富的社会经验，以及各种科学思考方法。这些推理方法包括思考归纳法、排除法、分析法、假设法、综合法、可能性比较法、演绎法、递推法等。下面，我们重点来解析其中的五种：

>思考归纳法

所谓的思考归纳法就是从结论出发，通过观察比对分析等，去寻找事物背后的规律。然后，通过这个被发现的规律，对未知信息做出一个正确的推测。

在福尔摩斯中有这样一段剧情：福尔摩斯对搭档华生说："我知道你今天去过韦格摩尔街的邮局，还知道你在那里发过电报。"

华生很惊讶，问他是这么知道的。福尔摩斯得意地说："因为你的鞋面上有红泥，而韦格摩尔街邮局的对面恰好正在修路，挖出的泥堆在走道上，去邮局的人都会沾上这些泥。而且只有这里的泥才是这种特殊的红色。"

"那你又是怎么知道我发了电报呢？"华生又问。

福尔摩斯答："去邮局的人一般都是为了寄信或者发电报，但今天一上午我都没看到你写信。而且，你桌子上一整版的邮票和一捆明信片都原封没动。所以，我推断，你去邮局应该是发电报。"

华生听后，对福尔摩斯佩服得五体投地。

简单说，归纳法就是通过一系列的观察和分析，发现事物背后的相同点，从而进一步推导出未知的信息。

>假设法

假设法就是假想出一个不存在的信息，然后根据它来论证最终的未知信息。

举例来看，有abcdef 6个人参加了面试，但只有一个人会被录取。主管甲预测a或b有希望，主管乙预测a或c有希望，主管丙说e或f有希望，主管丁说不可能是a。结果是，只有一位主管的预测是正确的，那么请问是哪一位主管？

由于以上给出的已知信息只有一个，即只有一个主管的推测是正确的，此外的信息都是未知。我们分别假设甲乙丙丁是对的，先从甲开始，用后面的信息验证，经过不断测试，最后确定丙是对的。

这就是假设法的思考方式，先假设出一个不存在的信息，然后不断地论证出假设的正确性。这个方法通常适用于未知信息极度缺乏的情况。

需要注意的是，做假设的时候，一次最好只进行一种情况的假设，确保问题的简单化。过多的假设只会让问题失去焦点，陷入混乱。而在某个假设的推理过程中，我们仍然可以再进一步进行假设，继续验证，甚至再做第三步假设，接着验证，逐渐缩小问题范围，找到最终答案。

>排除法

排除对立的结果叫排除法，逻辑原理是任何事物都有对立面，在多种结果中，排除错误的，剩下的必然是正确的。这种方法也叫淘汰法、删选法，或者反证法。

>多元思考法

多元思考法就是每件事不要期待只有一种答案，应多方面思考，创造更多解决问题的可能性。

一般人点子不多，通常是受常识和成见的影响，可以通过发挥想象力来实现思维的突破。发挥想象，首先要丰富想象素材，扩大知识范围。知识面越广，知识越坚实，越能发挥想象力。其次，知识只是构成想象的基础，知识越多并不等于想象力越丰富，关键是要对知识进行形象加工，形成正确的表象。第三，要丰富自己的语言。语言能力的好坏直接影响想象力的发展。因此，平时要多阅读文学作品，有意识地积累词汇，学会用丰富的语言来描述人物形象和发生的事件，以拓展自己的想象力。

>分析法

分析法是"综合法"的对称，逻辑原理是把复杂的现象分解成简单的组成部分，分别进行研究。剔除偶然的、非本质的东西，总结出必然的、本质的因素，并得出一些反映本质的简单规定。

要提高逻辑推理能力，就要不断培养和扩大不同的思维类型，并训练自己科学使用。

3 / 用笔记完善知识体系

上班路上，我们在地铁上读到一篇专业内的知识点，庆幸自己又得到一份知识输入。后来，突然有一天我们在工作会议上表达自己的看法时，想用那个知识点，却冥思苦想也记不起来，甚至忘记了在哪里看的。

生活学习工作中经常会出现这样的例子，当时觉得自己记住了，可等用的时候根本想不出来，自然也就说不出来。或者模模糊糊记得，却找不到恰当的语言来表达。一边学，一边忘，记忆的片段零零散散，不能形成一个完整的知识体系，这是很多人遇到的问题。遇到这种情况应该怎么办？答案是，记笔记。

2019 年 3 月 17 日，在某商学院春季开学典礼上，学员马琛发表了一篇关于记笔记的演讲。

马琛在 Momenta 公司做得顺风顺水，一年时间就从项目经理升到了公共事务总监，还兼任 CEO 业务助理。他工作繁忙，却有条不紊。有人问他秘诀，他说让自己受益最大，成长最快的一件事，就是记笔记。

我们的生活充满着各种各样的知识信息，而我们可利用的时间却零零散散，在短时间内灌输如此多的信息，大脑能够真正记住的内容并不多。既然如此，我们不妨用记笔记的方法来帮助自己整理归纳加深对知识的记忆。

说到记笔记，在我们印象中就是单纯的读书，然后动动笔写点评论或者感想。其实，真正的读书笔记，不仅仅是读书过程中的所思所感，更是将当前感悟同以往所学和现实情况相结合、相联系产生共鸣，形成我们自己的一套知识体系。具体来看，笔记的主要功能有以下三点。

首先，笔记的功能在于收集并整理归纳。

知识的收集包括紧急收集和平时收集。前者是在你进行某个主题研究时，大量收集的相关知识。平时收集就是日常积累，比如在平时阅读，或者刷微博、公众号看到的有价值的信息，顺便收集起来。

为了提取的时候方便，我们需要对收集的知识进行分类。分类的标准要根据你自己所从事的行业，或者喜欢的领域来进行适合自己的知识分类。比如，你平时喜欢文学，可以分类为大师思想类、名人名言类等。如果你做的理财工作，可以把知识分类为股票类、基金类、债券类等。分类一般不用过于细致，如果太烦琐，坚持就会变得困难。最好是能随手把知识放在某个类别里。每周或者每隔一段时间，进行一次整理。比如，将不必要的重复内容删除，使笔记更加简洁精练。

归纳好后，未来需要使用的时候，就可以打开对应的笔记本，直接调取所需内容。

其次，笔记的功能在于深度内化知识。

收集整理好的知识，还需要深度内化为自己的能力，才能在表达需要的时候运用自如。

内化的方式是对收藏的内容进行集中阅读，反复阅读。阅读过程中，进行思考，写下自己的看法和观点。可以用颜色标注，就像是上学读书时一样，做到"眼到、手到、心到"，标注笔记，记录思考，这才是学习。

第三，笔记的功能在于输出知识。

当笔记里某个主题的知识累积到一定程度，我们的认知和理解也在提高，有了自己的理解和思考，这时候就可以进行输出了。

只有输出才能提高我们的表达力。比如，我们可以在读完一本书后，用自己的语言把书中有价值的知识"抽取"出来，和别人讨论，做一个小主题演讲，或者写成文章，分享到网络上。学习是输入，写作和演讲是输出，输入和输出要形成闭环，这才是良性循环。

每一次知识的输出，都会成为你大脑的外挂。这些分享以及他人的反馈，也同时会帮助你迭代大脑中的认知结构，提高逻辑思维能力和表达力。

边读边记，随后翻阅自己笔记，能够就之前书中某些疑问感悟加以解决和深化，甚至可以结合以前的笔记进行类比归纳总结，让自己所学更加完善。融会贯通之后，笔记将成为我们的第二个大脑。

下面，让我们来看三种常用的做笔记的方式。

>康奈尔笔记法

康奈尔笔记法是将笔记本分为笔记栏、线索栏和总结栏三部分。记笔记的时候，将有价值的内容，如概念、案例等，都详细地写在笔记栏。笔记栏的内容经过简化后放在线索栏。最下面的总结栏可以写一些随想、思考和体会。如图8-2。

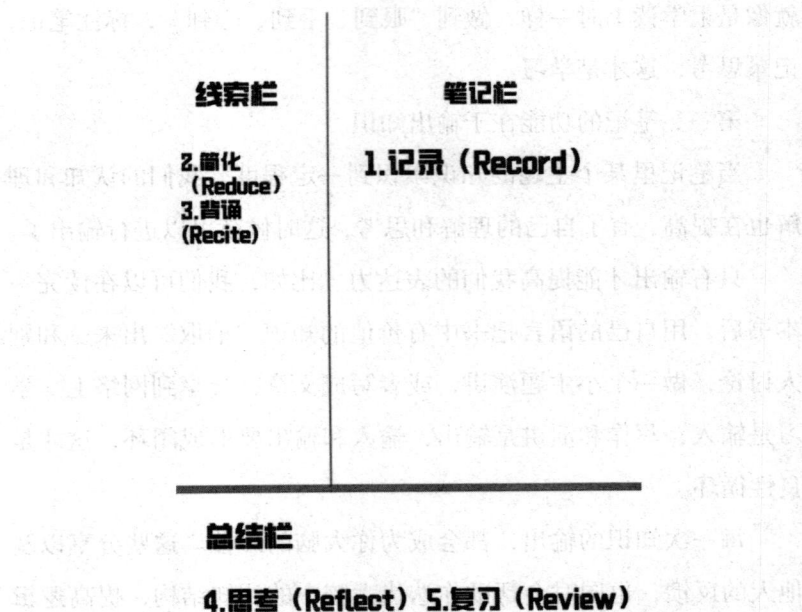

线索栏　　　　　　　　**笔记栏**

2.简化
（Reduce）
3.背诵
（Recite）

1.记录（Record）

总结栏

4.思考（Reflect）5.复习（Review）

图 8-2

复习的时候，可以把笔记栏遮住，只看线索栏中的概要提示，回忆笔记栏内容。

>SQ3R 法

SQ3R 法适用于文献阅读,一般包括五个步骤,即: 观察、提问、阅读、重读、重整。

观察是指快速浏览文章内容、主题和结论。提问是问自己文章要表达的重点是什么,并且把问题记下来。阅读是带着刚才的问题继续阅读文章,并在关键处做记号。重读是再一次读做了记号的地方,同时记录重点、观点等。重整是重复前面的步骤,检查是否有遗漏,并写心得体会、想法或者问题。

>葱鲔(wěi)火锅式

葱鲔火锅原本是一道日本料理的名字,其中主料鱼肉,配菜葱,都不可或缺。葱鲔火锅式读书笔记中,鱼肉就是摘抄,葱是评论,即摘抄 + 评论。

摘抄就是将自己认为重要的,或者喜欢的句子、段落进行摘录,以加深印象,防止忘记。为了避免纸质摘抄慢,且没有层级、目录和标签,一旦笔记累积,就会混乱到难以查找。可以借助扫描笔记来做摘录,比如有道云笔记中的"文档扫描功能",可将扫描后的图片保存,方便后期整理。评论就是记录自己对摘抄内容的观点、感想,或者和现实连接,推动自己进行主动思考。

整理知识体系,一方面可以避免大脑混乱查找,一方面也是在整理自己的认知。当这个知识体系清晰地呈现出来,无论是在书面表达还是在口语表达中,我们都可以将所需素材信手拈来,让思考和表达更饱满和富有逻辑。

4 / 独立思考，系统表达自己的意见

手机百度称"有事搜一搜，没事看一看"，又让人想起那句调侃"有事找度娘"。在信息高度发达的网络平台上，直接动动手指就有现成的答案，根本不需要我们思考。而且当舆论一边倒的时候，我们只需要跟着喧嚣倒下去，省心又省力。以至于我们的独立思考和判断能力日渐退化，表达也因为没有足够的论据支撑，或者缺乏真实性而漏洞百出。

当我们不断被动接受过量且没有预期的信息，我们主动搜索和主动思考的能力就会慢慢被毁掉。而且，在不断接收廉价快感的信息过程，让我们变得越来越肤浅，越来越无法系统表达自己的观点。

有一篇名为《为什么越学反而越蠢？碎片化学习是个骗局》的文章，其中讲到松鼠症，就是一个人因为焦虑而热衷于学习，每天浏览各种知识，没时间看又觉得有价值的信息就收藏起来，不断囤积知识。但是越看越焦虑，一怒之下，不学了，懒癌犯了，甘愿做一个不学无术，不想成长的凡人。歇了几天，觉得不行，又开始学学学，陷入新一轮焦虑——囤积——懒癌的循环。

信息太多，来不及思考，用不着思考。但是不经思考和加工的观点，怎么能有逻辑地表达出来？所以，在发表对一个问题的看法的时候，请先完成下面独立思考的过程：

>确认对这件事的理解程度

首先，寻找事实的依据。为什么一些谣言明明看上去就很荒唐，但还有很多人相信？就是因为他们不独立思考，没有去为事实找依据。比如看到"饮用高度白酒能抵抗病毒"这样的标题，应该想"结论有医学上的权威考证吗""多喝酒能消毒吗""高浓度白酒能达到消毒的度数吗"稍加核实，就能排除很多谣言。

在《真相：信息超载时代如何知道该相信什么》一书中获得事实真相的六步质疑法分辨谣传。

1."我"碰到的是什么内容？

2.信息完整吗？假如不完整，缺少了什么？

3.信源是谁？我为什么要相信他们？

4.提供了什么证据？是怎样检验或核实的？

5.其他可能性解释或理解是什么？

6.我有必要知道这些信息吗？

其次，区分"事实"和"意见"。所谓事实是能用证据证明，但我们常会错把别人的意见当成事实，尤其是一些比较"权威"的意见，比如牙科专家说"保持牙龈健康，就用某某牙膏"，这是意见而非事实。

最后，确认自己是否真的理解这件事。一个简单实用的方法是，试试能不能解释清楚，如果解释遇到阻碍，就说明还没有充分理解内容。

>多角度思考

如果单纯从一个角度思考，很容易导致偏颇，甚至偏执。多个角度思考，可以让自己看问题更全面，表达更系统。

首先，从利益相关者的角度看问题。在形成自己的意见前，可以考虑一下与这件事利益有关的人的看法。比如，你向一个孩子的妈妈推荐一个英语课，站在你的角度大概会把重点放在这个课程正在做促销，讲课的老师是北大清华的名师。但是站在家长的角度，她可能只是想让孩子接受一点英语熏陶，提高对话水平。而孩子可能喜欢的是老师课堂上设计的小游戏，还有可以换小玩具的奖励币。

其次，不要急于反驳或者同意。对于一个观点，先同时保留认可和反对的原因，然后逐条提出所有认可和反对的原因。同时保证反驳不能想当然，必须有事实根据，否则就只是意见，没有参考价值。

最后，把所有的信息梳理一遍，确认自己同意的，不同意的，以及为何同意，为何不同意，总结出自己的看法。

>完善表达自己的意见

信息梳理完毕，然后就是如何表达的问题。

首先，确定表达模式。比如，你采用的是直线表达模式，即在第一句话抛出观点，然后接下来的话都是对观点做的补充性质的解释。

小周向老板汇报上个月的业绩情况。他说："上个月的业绩，相比前一个月，跌了 8%。"有了这句话作为开头，他接着解释说：
"原因是上个月我们的竞争对手推出了优惠活动，吸引走了大量客户，导致我们的销量受到影响。不过，我们已经开始修补了。"

除了直线表达，还有主次表达，即先说重要的观点，后说次要的观点。分述表达，当你需要阐述自己的看法，而这些看法又需要你从不同的角度去分析时，可以用这个方法。

>正确回应不同意见

永远不要说"我以为"，这很容易造成误解。当对方提出不同意见时，为避免引起反感，可以先把对方的话重新组织，复述给他听。一方面可以显示你有认真听他的话，让他有被尊重的感觉，另一方面也确认自己能正确理解对方的话。然后，再有针对性地做出合理解释。如果你不同意对方的意见，最好给出替代方案。比如，你不同意对方节食减肥，可以给对方推荐健康食谱做参考。如果你只是单纯不同意，但又给不出建议，就容易让沟通陷入僵局。

此外，要给自己时间和空间。独立思考需要时间和空间，需要静下心来关注在一个点上，主动获取信息去关联我们已有的经验，思考这个点所延伸出的知识体系，思考自己对这个问题的结果，而不是别人的结论。我们需要在这个信息超载的时代里保持明辨是非和独立思考能力。

当你不再人云亦云，能够独立地思考和系统地表达时，才能真正在人群中脱颖而出。

5 / 提高倾听力，让反馈更有逻辑

在交流中，表达的逻辑很多时候依赖于倾听力。听得懂对方说的话，回应才能更有逻辑和针对性。

从心理学的日常生活经验来看，当我们专注地倾听对方讲话时，往往意味着我们对讲话者所表达的观点很感兴趣或者很重视。这会给对方一种满足感、信赖感，不知不觉中拉近彼此的距离。

这个"听"不是瞎听，而是在认真、专注倾听的同时，积极对讲话者的语言做出反应。那么，具体来说，有哪些技巧呢？

>全身心地投入

倾听忌讳三心二意，也忌讳带着先入为主的偏见。真正良好的倾听，首先就要忘记我们自己，忘记我们的立场、利益、情感和执念，哪怕对方的观点和我们截然相反，也要耐着性子听下去。在认真倾听的同时还要换位思考，思考如果我们是对方，会怎样看待问题，会如何做出选择等。

全身心投入的倾听姿势是面对说话者，同他保持目光交流，要通过我们的姿势和手势告诉对方，"你继续说，大胆地说，我在听你说话"。

>表达认可

全身心的倾听也不代表只听不说，必要的时候应给予对方适当的反馈，比如认可对方的观点。比如，"您提出的这个观点非常值得深思，我觉得我们可以进一步展开去探讨。""没错，正如您所提到的那样，私域流量正在崛起，我们应该行动起来……""听您刚说的几点，我也非常认同，因为……"

除了认可观点，还可以认可感受。比如，一个人对你说："哎，最近日子不好过啊，公司精简，我被辞退了，新工作也没有着落，明天还要交房租。"你回答说："我理解你的感受，那种压力一定很大。"

>重复对方的话

重复对方的话，是一种积极的倾听反馈，但关键在于"适当"。重复的方式有两种，一是抓住对方的重点重复。有的人之所以会陷入将重复认为是啰唆的误区，就是因为无法抓住对方的重点进行重复。没有重点也就毫无意义，甚至还会让对方觉得你没有在认真听他讲话。比如，对方说，"嗯，我想去看看这个六朝古都，而且这是我第一次去南京。"重点就在于"第一次"，而不是"六朝古都"。另一种方式是将整段大意进行重复。当对方表达完一个观点之后，你可以回答说："如果我理解的没错，你的意思是……"这种重复能够令对方心生愉快。如果你的重复完全正确，对方就会说："没错，就是这样。"而当你的重复有所遗漏，对方就会进行补充："嗯，是的，还有一点……"如此一来，沟通就更加深入。

此外，要注意重复的频率。没有必要重复对方所有的话，也不要不断重复确认一句话，这样对沟通并没有实质性的帮助。

过犹不及会让人认为你只是在敷衍双方的谈话。至少当对方说出三四句话的时候，再进行重复。

> 适当询问

当你认为听到的内容比较含糊、杂乱时，或者没有搞清楚对方的表达，可以询问提问者问这个问题的原因或者跟对方确认问题，千万不要按照自己主观的理解来回答。多问一句"您说的是不是这个意思……""请您再说一下，好吗？"问题自然就解决了。

尤其是在工作中，当你的上级说完之后，如果你还没有完全清楚，或者不够确定，就可以跟你的领导说："刚才您说了三个问题，第一、第二、第三，是这样吗？"对方说："是。"那么你再说："回去以后有两件事要做，第一、第二，这样可以吗？""可以。"

这是有记录的倾听和反馈的过程，是非常重要的，可以避免误解对方的意思，导致沟通信息传达失败。

>归纳反馈

全身心地倾听要把注意力集中在对方所说的话上，不仅要努力理解对方的语言含义，而且要努力理解对方的感情。同时要思考对方的语言含义，学会抓重点听。然后，在我们脑海中，要快速思考，归纳对方所讲的要点。

这个归纳反馈的能力，就是听懂别人想要传达的信息，然后从冗长繁杂、琐碎混乱的信息中提取重点，实际上就是"删繁就简""化难为易"。这不仅能使我们与人保持畅通的交流，同时也能避免自己被庞大的信息流冲击，错过对重点讯息的提取和吸收，同时有助于帮助我们创造良好的交谈氛围。

有一个比较实用的方法就是，努力培养我们用"一句话"说事的能力。比如，上司开早会发表意见，我们可以尝试用一句话归纳上司传递的信息。遇到任何东西，任何事情，都试着用一句话来讲清楚，这对提升我们的语言归纳总结能力有着巨大的好处。

6 / 定时清空头脑，和混乱说"再见"

我们的大脑就像一个CPU，从小时候开始就不断地进行信息储存，装的东西越来越多，大脑的"内存"就越来越小。而某个时刻我们思维断电就是源于大脑内存不够，储存的垃圾信息搅乱了我们思维，同电脑手机内存清理一样，我们的大脑也需要进行瘦身。

有人做过一个简单的实验：将三个事物排序，比如西瓜、苹果、鸡蛋。由小到大进行排序，我们几乎一瞬间就可以得出结论。如果再加上核桃、南瓜、米粒、哈密瓜等，这时候我们就需要思考比较一下了。这说明大脑的记忆的功能是有限的，且不可靠。

明天要做的事情太多了，要接送孩子上下学，要上班，要开会，还要给车加油等等，遇到这种情况我们往往会特别烦躁，事情本身存在先后时间顺序非常合理，而我们烦躁的点在于每一件事情的具体细节，譬如几点接送孩子，接孩子的时候想着昨天或明天各种事，开会的时候已经在想着给车加油的时候会不会堵车。

当大脑处于混乱的状态时，我们的表达也难免会变得混乱。我们需要定时清理大脑中的垃圾，以保持思路清晰。

>不试图控制杂念

在大脑一团糟的时候，我们总希望在最短的时间内清除杂念，以至于产生以暴制暴的念头。控制在本质上其实是一种对抗，会加重大脑对念头的关注。对付杂念的正确方法在于引导，而绝非控制。

阿姜布拉姆法师在尚未出家之前，经常会陷入过度享受"白日梦"的状态，他就会询问自己"然后呢"，利用所幻想的白日梦的逻辑，将自己从迷失的状态中拽回来。

在处理内心的杂念时，我们也可以借鉴阿姜布拉姆法师的做法。比如，我们接手了一项新工作，在入睡前开始思考他人会对这项工作做出怎样的评价，并为之感到焦虑。我们可以通过问自己"然后呢"使自己继续将这个故事推导下去，然后我们就会想到该如何面对他人的批评，如何感谢他人的赞美。不断追问下去，我们就会因为有了对策，而产生笃定和从容，不再焦虑或者害怕。

对于任何担忧、恐慌、期待，这一方式都具有很好的效果，随着自己所问的问题越来越少，心中的杂念也就越来越少。

>记录

记录下来是一个清空大脑的绝好方法，为了不让灵感被杂乱无章的想法拐跑，我们只需要在下一次好点子出来的时候动动手写下来，俗话说"好记性不如烂笔头"就是这个道理。

我们可以将需要做和不需要做的事情都写下来，需要做的事情立马集中精神去完成，不需要做的事情就此别过再也不要想，以免影响到当前正在做的事情。对于那些努力去做仍然没有完成的事情，也要专门写下来，在第二个工作日继续完成，不给大脑留下牵挂。

记录的方式也不必拘泥于小纸条的形式，也可以利用手机中的智能语音播报系统，当不方便写字记录时，只需要呼唤手机管家，就可以轻松记录。

有时我们杂事比较多，即使记录下来，也难以全部完成。只要没有完成，我们的心就不能够完全放下，这完全是出于对事件进展的潜在关心。这就需要在记录时安排好先后顺序，重要的排在前面，不重要的向后排，甚至还有一些根本不需要做的就删除。当我们不用担心重要的不会被遗漏，不重要的也有时间去完成时，就不会烦躁不安了。

>冥想

科学家研究发现，一个人在冥想的时候，可以控制自己的脑波，让自己进入一个安心的状态。

所以，当你心绪烦乱时，不如找一个安静的地方坐下，背部挺直，手轻轻地放在大腿上，然后合上双眼，或者微微向下看，专注于自己的呼吸。如果无法集中注意力，可以通过想象一些舒适、向往的场景来帮助自己快速平静下来。例如，可以想象自己正漫步在一片绿油油的草地上，草地上开满了五颜六色的小花，香气宜人。远处有一条清澈的小溪，隐隐约约可以听到哗啦啦的流水声，水中有小鱼逆水而上，你把手伸进水里，感觉水的清凉……

最开始做冥想的时候，脑子里可能会不时冒出一些杂乱的想法，不要放弃。只要坚持下去，思绪就会逐渐澄明，内心也会慢慢平静下来。

7 / 丢掉使用模糊和多义语言的坏习惯

"词能达意"，是表达清晰要遵循的一个基本标准，意思是表达要准确、鲜明、生动。而模糊和多义是制约有效沟通的两个典型因素。因此，要避免表达的时候出现多音、多义、歧义等模糊语言，避免产生语境歧义。

产生歧义的因素是多方面的，常见类型如下：

1. 词语多义

很多词语本身具有多重含义，放在相同的场景里，可以这样理解，也可以那样理解。

枫指着前面不远的小山坡，兴奋地说："快看！那是杜鹃！"

可是他的同事放眼望去，一只鸟也没看到，不觉诧异地问："我怎么没看到杜鹃？那儿一只鸟也没有。"

枫笑了起来，指着前方说："那一大片火红的花不是杜鹃是什么？山坡都被映红了啊！"

"杜鹃"一词不仅指杜鹃鸟，还指杜鹃花，是多义词，所以才导致了误会。说话用词应尽量避免使用在语音上歧义而使人产生误解的词语。

2. 语义不明

在口语和书面语中，常有这样的情形：一段话从语法上看没有什么问题，然而它所表达的意思却让人弄不明白，这就是语义不明。

比如，"开刀的是她妈妈"，这句话可理解为她妈妈是开刀的外科医生，也可理解为她妈妈是病人，医生给她做了手术。

3. 语气不同

在口语中，使用的语气、语调、神态、情感不同也会让相同的句子产生截然不同的含义。

午休期间，嘉禾与明乐在象棋世界里酣战，引来多人观战。

"嘉禾会赢。"小利语气平和地说。

"嘉禾会赢？"小马带着疑惑问。

"当然啰，嘉禾会——赢——"调皮的小梅拉长了声调，一边说话一边还做着鬼脸。

同样是"嘉禾会赢"这句话，小利表达的是对这件事的肯定，小马表达的是怀疑，小梅拉长的声调和做鬼脸的举止则是在调侃，实际上说的是"嘉禾才不会赢呢！"

读音轻重的不同，也会导致歧义。比如"他半个小时就记了10个单词"，"就"轻读，是说他单词记得多；"就"重读，则说他效率低，只记了10个单词。

4. 组合层次不同

一个句子由于断句的地方不同，也会产生不同的含义。比如，"我们五个人一组"，可理解为"我们 / 五个人一组"或"我们五个人 / 一组"。再如，"这份总结，我写不好"，可以理解为"这份总结，我 / 写不好"，意思是自己能力有限，也可理解为"这份总结，我写 / 不好"，大概是出于身份等因素而写不好。

5. 词类不同

一个词语有时候可以做动词，有时可以做形容词，不同的词类，意义自然不同。比如，"饭不热了"，如果"热"用作动词，意思是不用热饭了，凉的也可以吃。如果"热"用作形容词，意思是饭凉了。

6. 笼统表达

有些人喜欢说笼统的话，让人听后不明所以。比如：

"你觉得这个小说怎样？"

"还行，就是有点太那个了。"

"那个是什么意思？"

"就是那个啊，你懂的。"

"…………"

这种人要么是故弄玄虚，让人无法捉摸。要么是太懒，不愿意花多一点精力去找一些合适的词语表达。所以，要尽量使用精准的词语来表达自己的想法。

使用模糊表达或者多义词语，就会使得一个句子出现两种甚至更多的解释，出现理解错误、沟通不畅的结果。通常一个词语的使用越普遍，它的含义就越模糊。因此在表达时，我们要尽量让运用的词语有针对性地反映自己的本意，以便听者不用费心去猜测就能明白和理解。具体做法如下：

>加限定词

限定词能让表达更为精准，比如你想说的是太师椅、摇摇椅、牙科专用椅等，就不要笼统地称之为椅子，可以用定语做限定。

>解释含义广泛的词语

一些词语含义广泛，比如"爱""善良""公平"等，本身的含义就不够明确。即使用的是同一个词语，意义也可能大相径庭，甚至背道而驰。所以，你在使用这些词语的时候，要对这些词进行定义和解释，让对方理解你的表达。

>明确立场

切忌使用"差不多""都可以""都行"等没有明确立场的词语，做到说一是一，说二是二，以免出现模棱两可的逻辑错误。

>少用中性词

在汉语中，所有的词语都可以分为"褒义词""贬义词"和"中性词"。其中，"中性词"既不是"褒义词"也不是"贬义词"，但它在运用时却既能当作"褒义词"又能当作"贬义词"，这就很容易导致听者误解或者曲解，从而产生歧义。所以，要做到言辞准确，运用中性词时，一定要更加精准。

8 / 锻炼左脑思维，提升逻辑表达力

科学研究证明，大脑分为左半球和右半球。人类的左右脑的思维特点不同，左脑负责逻辑思考，即理性的一面。而右脑是直觉感受，倾向于艺术思维，即感性的一面。

好的表达来源于好的框架思维。在表达之前，我们会先用左脑迅速归纳梳理出自己的观点，同时从右脑中呈现相匹配的故事、图像，这就是全脑思维的完美表达。如图：

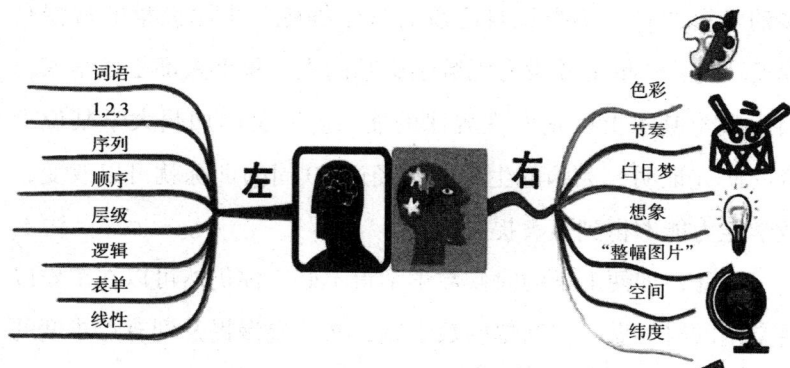

词语
1,2,3
序列
顺序   **左**   **右**
层级
逻辑
表单
线性

色彩
节奏
白日梦
想象
"整幅图片"
空间
纬度

　　科学家研究发现，人的左右半脑发展是不平衡的，多数人的左脑比较发达。这是因为左脑控制逻辑思维，同时对人体的右半边身体影响较大，右脑则对人体的左半边身体影响较大。全球大概有 10% 的人是左撇子，他们的右脑比较发达。剩下的都是右撇子，他们的左脑比较发达。所以，人们经常锻炼左手可以有效锻炼右脑。

　　左脑负责框架和结构，在进行逻辑表达时，锻炼左脑思维是我们首先要做到的。重要的是，左脑的逻辑思维并不是与生俱来的，而是在后天的不断学习中培养起来的，至于培养的程度，则因人而异。下面是一些有助于培养或锻炼逻辑思维能力的方法和技巧：

>做数学题

　　虽然我们参加工作，不再需要做数学题，但为了培养逻辑思维力，还是应常常去做一些数学题。数学是运用逻辑思维最多的学科之一，不要说自己没有数学细胞，牛津大学的教授马库斯认为："世上并没有无数学头脑的人，每个人都是数学家，因为数学基本上就是发现规律的能力。"美国加州大学某位学者的研究证明，大脑的生理结构经过 10 周的训练就可以改变，数学能力能够得到显著提升。

因此，即便上学的时候数学学得不好，你仍然可以在工作以后空闲的时候做一些简单的数学题，然后慢慢提升到有点难度的数学题。同时，在做题的过程中，你可以不断给自己积极的心理暗示，坚定信心，鼓励自己尝试更难的题目。

>玩益智游戏

和做数学题的功能类似，玩益智游戏也有利于锻炼大脑的思维。益智游戏包括玩数独、猜谜语、拼拼图、玩桌游、下棋等。益智游戏可以帮助大脑的神经重塑，当大脑神经细胞的回应方式发生改变时，就会开始从不同的角度来看问题，其理解力也会得到加强。同时，思考和认知的能力也会提升。

注意，大脑神经重塑会伴随耳鸣等一些生理症状，但我们也会因此而更加平和，使烦躁和不安减少，从而使记忆力增强。

>坚持运动

每天坚持体育运动可以缓解大脑疲劳，延缓大脑衰老，增强记忆力、学习能力、专注力和理解力，增高头脑思维的敏捷度。

科学家指出，久坐不会让你提高工作效率，反而会使大脑越来越迟钝，越来越笨。所以，与其整天坐在办公桌前刻苦努力工作，不如出去跑跑步，运动一下。

>学一门新语言

有研究证明，会说两种以上语言的人，其规划力、解决问题的能力和执行力都会更很强。一些人会因为工作需要而去学习外语，其实这对他大脑思维的提升有很大帮助。掌握一门外语，不只会让你职场上获得更多机会，也能让你的头脑越来越灵活。